U0270198

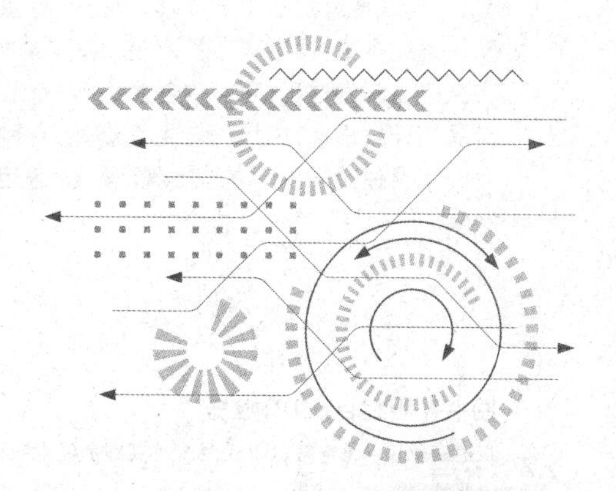

快速成型技术之

熔融沉积成型技术实践教程

主编　徐巍

内容提要

本书主要以"实例教学法"为主,主要介绍了快速成型技术的历史、种类、应用和发展趋势,讲解了构建三维数字化模型的方法和数据处理的技巧,让读者在学习三维建模的同时,了解快速成型技术的原理和应用,着重介绍了基于 FDM 技术的 3 种成型机的使用说明。通过本书,读者可以独立完成从"构思—设计—成型—论证(测试)—修改—产品"的完整产品开发过程,可以为创意设计成果向制造业转化提供不可或缺的重要保证,有利于产品的开发设计,为培养自主创新能力提供必要的条件和技术保证。

本书适用于大学的实践教学,也适用于相关高等职业学校和中等职业学校的实践教学。

图书在版编目(CIP)数据

快速成型技术之熔融沉积成型技术实践教程/徐巍主编. —上海:上海交通大学出版社,2015

ISBN 978-7-313-13476-9

Ⅰ.①快… Ⅱ.①徐… Ⅲ.①熔融—沉积—快速成型技术—教材

Ⅳ.①TF111.34

中国版本图书馆 CIP 数据核字(2015)第 166918 号

快速成型技术之熔融沉积成型技术实践教程

主　　编:徐　巍

出版发行:上海交通大学出版社　　地　　址:上海市番禺路 951 号

邮政编码:200030　　电　　话:021-64071208

出 版 人:韩建民

印　　制:太仓市印刷厂有限公司　　经　　销:全国新华书店

开　　本:787mm×960mm　1/16　　印　　张:8.25

字　　数:110 千字

版　　次:2015 年 9 月第 1 版　　印　　次:2015 年 9 月第 1 次印刷

书　　号:ISBN 978-7-313-13476-9/TF

定　　价:29.80 元

前　言

21世纪是中华民族实现伟大复兴的世纪，需要培养大量的创新型工程技术人才。学校通过提供先进的制造综合实践训练，来增强学生创新思维和实践动手能力。计算机绘图的三维建模及造型技巧是当今时代每个工程技术人员不可缺少的。计算机三维建模及造型使广大工程设计人员提高了设计效率、拓展了创造性思维，是工科院校学生应该掌握的一种技能。

21世纪是以知识经济和信息社会为特征的时代，在制造业日趋国际化的状况下，缩短产品开发周期和减少开发新产品投资风险，成为企业赖以生存的关键。20世纪90年代发展起来的快速成型技术为制造企业满足个性化的需求和产品的快速推出提供了可能性，它是集计算机辅助设计(CAD)/计算机辅助制造(CAM)技术、激光技术、计算机数控技术、精密伺服驱动技术及新材料技术于一体，不采用传统的加工机床和工具模具，只要通过计算机作出零件的数字化模型，就能实现零件的快速制造，如果产品设计有改动，只需在数字化模型中进行修改，很快又能制造出实物模型，模型可用于设计评估和性能测试，大大缩短了产品的制作时间和投放市场的时间，成本下降为数控加工的1/3～1/5，周期缩短为传统方式的1/5～1/10，极大地提高了企业的新产品开发能力和市场竞争能力。快速成型技术涉及机械工程、自动控制、激光、计算机、材料等多个学科，近年来，该技术在美国、日本、欧洲已广泛应用于工业造型、制造、建筑、艺术、医学、航空、航天、考古和影视等领域。

本书分6章，第1章主要介绍快速成型技术的历史、种类和应用，第2章介绍快速成型技术的发展趋势，第3章介绍构建三维数字化模型的方法，第4章介绍快速成型技术的数据处理，第5章介绍了熔融沉积成型技术，第6章介绍了3种熔融沉积成型技术设备的实践使用方法。本书以"实例教学法"为主，让读者在学习三维建模的同时，了解快速成型技术的原理和应用。通过本书，读者可以独立完成从"构思—设计—成型—论证(测试)—修改—产品"的完整产品开发过程，可以为从创意设计成果向制造业转化提供不可或缺的重要保证，有利于产品的开发设计，为培养自主创新能力提供必要的条件和技术保证。

在本书的编写过程中，得到了北京太尔时代有限公司、上海福斐科技发展有限公司、美国Stratasys公司、3D Systems杰魔软件公司、震旦公司等快速成型厂商(或代理商)的大力支持，在此致以真诚的谢意。本书编写过程中引用了相关的科技文献与资料(主要参考文献已附于书末)，在此向相关作者致以深深的谢意和敬意。

本书有较好的可读性和易理解性，不仅适用于大学的实践教学，还适用于其他高等职业学校和中等职业学校的实践教学。

由于快速成型技术发展迅速，且作者水平有限，书中存在的缺点和错误，恳请广大读者批评指正。

作　者
2015年3月

目　　录

第1章
快速成型技术概述

随着全球市场一体化的形成，制造业的竞争十分激烈，产品更新换代日益加快。企业的竞争力将主要体现在根据市场要求，不断地推出新产品。由于产品的复杂程度日益增加，产品的开发周期往往大于产品的市场生命周期。在新产品的开发过程中，总是需要对所设计的零件或整个系统在投入大量资金进行加工或装配之前先期加工一个简单的样品或原型。这样做主要是因为生产成本昂贵，而且模具的生产需要花费大量的时间准备。因此，在准备制造和销售一个复杂的产品系统之前，对工作原型的分析可以起到对产品设计进行评价、修改和功能验证作用。

一个产品的典型开发过程是从前一代的原型中发现错误或从进一步的研究中发现更有效和更好的设计方案。而一件模型的生产极其费时，仅模具的准备就需要几个月时间。对于一个复杂的零件，用传统方法加工非常困难。新产品的开发能力，不仅在于一个性能优良的产品设计，而更重要的是将一个好产品迅速推向市场这一过程中的试制能力和生产准备能力，即快速制造的能力。面对市场竞争的日趋激烈，制造业已经从“规模效益第一”、“价格竞争第一”转变为“市场响应第一”。国外拥有计算机辅助设计(CAD)、快速成型制造(RP&M)等先进开发手段，机电产品开发周期一般为3～6个月，而依据我国现有的技术条件，则需要24个月。

快速成型(Rapid Prototyping, RP)技术是20世纪80年代初在美国开发的高新制造技术，其重要意义可与数控技术(CNC)相比。它是直接根据CAD模型快速生产样件或零件的成组技术的总称，它集成了CAD技术、数控技术、激光技术和材料技术等现代科技成果，是先进制造技术的重要组成部分。

1.1 快速成型技术的发展历程

1892年，J. E. Blanther在他的专利中，曾建议用分层制造法构成地形图。原理是将地形图的轮廓线压印在一系列的蜡片上，然后按轮廓线切割蜡片，并将其黏结在一起，烫平表面得到三维地形图。1902年，Carlo Baese提出了用光敏聚合物制造塑料件的原理，这是现代第一种快速成型技术——立体印刷成型(SLA)的初步设想。1940年，Perera提出了在硬纸板上切割轮廓线，然后将这些纸板黏结成三维地形图的方法。到1976年，Paul L Dimatteo提出，先用轮廓跟踪器将三维物体转化成许多二维廓薄片，然后用激光切割这些薄片成型，再用螺钉、销钉等将一系列薄片连接成三维物体，这就是层合实体制造(LOM)技术的初期原理。1979年，日本东京大学的Nakagawa教授开始采用分层制造技术制作实际的模具。1980年代末期，快速成型技术发展很快，1986年，Charles W Hull提出用激光束照射液态光敏树脂、从而分层制作三维物体的现代快速成型机的方案，取得美国专利(专利号:4575330)。1988年，美国的3D System公司据此专利，生产出了第一台现代快速成型机SLA-250，开创了快速成型技术发展的新纪元。1984年Michael Feygin提出LOM方法，并于1985年组建美国的Helisys公司，于1992年研制出第一台LOM成型设备LOM-1015。1986年美国Texas大学研究生C. R. Dechard提出了SLS设想，并组建了DTM公司，于1992年研制了第一台商业化SLS成型设备Sinterstation。1988年美国Scott Crump工程师提出FDM设想，Stratasys公司于1992年开发出第一台商业熔融沉积制模(FDM)成型设备3D-Modeler。1989年美国麻省理工学院 Emanuel M. Sachs 申请了三维打印机的专利，于 1993 年开发了 3DP™，奠定了 Z Corporation 原形制造过程的基础。

1.2　快速成型技术

1.2.1　快速成型技术原理

快速成型技术(简称 RP 技术)，不同于传统的“去除成型”技术，不需要使用刀具、机床、夹具来去除毛坯上的多余材料而得到所需的零件形状。RP 技术是基于离散和堆积原理，采用新的“增长”加工方法，即先将零件的数字化模型按一定方式离散，成为可加工的离散面、离散线和离散点，而后采用物理或化学手段，将这些离散的面、线段和点堆积而形成零件的整体形状(见图 1－1)，所以也称为“叠层制造技术”。

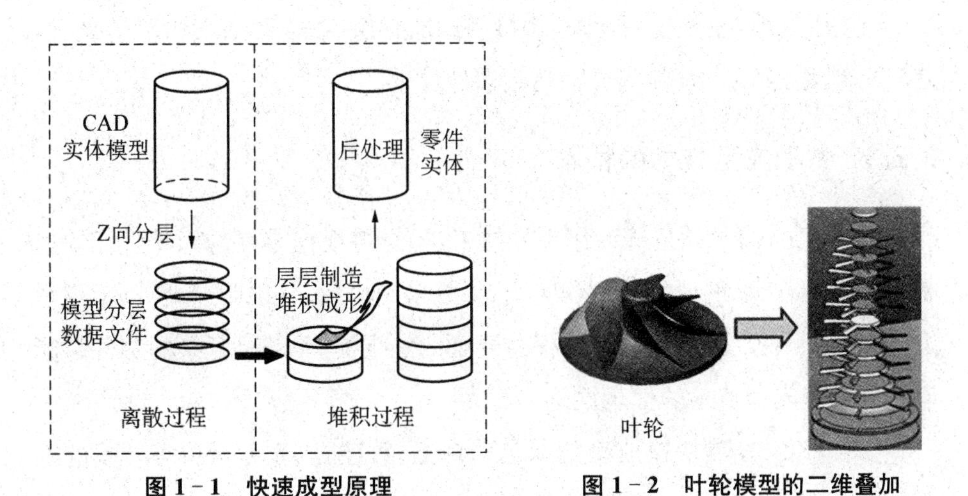

图 1－1　快速成型原理　　**图 1－2　叶轮模型的二维叠加**

与传统制造技术不同，快速成型技术将复杂的三维制造转化为一系列二维制造的叠加，极大地提高了生产效率和制造柔性，图 1－2 为叶轮模型的二维叠加示意图。

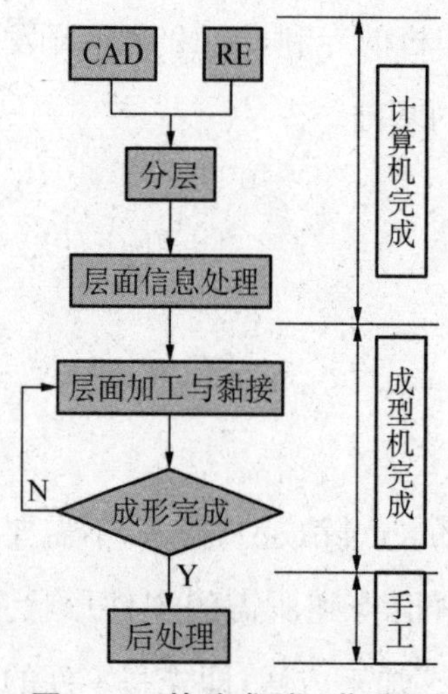

图 1-3　快速成型工艺过程

1.2.2　快速成型技术的工艺过程

快速成型工艺的全过程一般包括前处理、叠加成型、后处理 3 个步骤(见图 1-3)。

(1) 前处理:可以通过三维软件设计出数字化模型或通过反求技术来得到数字化信息,然后对这些数字化模型进行网格化处理,再对其进行分层切片,得到各层截面的二维轮廓信息,按照这些轮廓信息生成加工路径输出。

(2) 分层叠加成型:这是核心部分,主要由成型头在控制系统的控制下,选择性地固化或切割成型材料,形成各个截面轮廓薄片,并逐步依次叠加成三维坯件。

(3) 后处理:主要包括剥离、拼接、修补、打磨、抛光和表面喷涂等处理,使其在外观、强度和性能等方面达到设计要求。

1.2.3　快速成型技术的特点

(1) 高柔性:无须任何专用夹具或工具,只需根据零件的形状进行快速制造,缩短新产品的研发与试制时间,另外采用离散、分层制造,所以不用考虑零件的复杂程度,即可制造出任意复杂的三维模型,越是复杂的零件越能显示出快速成型技术的优越性。

(2) 高度集成:快速成型技术是计算机、数控、激光和材料等技术的综合集成,具有时代特征。计算机可以实现模型设计以及数据离散;数控技术为高速精确的轮廓扫描提供保障;激光技术使材料的固化、烧结、切割成为现实。

(3) 设计、制造一体化：在传统的产品研发过程中，设计与制造是分开进行的，常常会发生在制造中发现设计问题，导致重新开始设计。快速成型技术实现了材料的提取过程与制造过程的一体化、设计与制造的一体化，节约工时和研发费用。

(4) 材料的广泛性：由于快速成型工艺方法的不同，所使用的材料也各不相同，包括金属、纸、塑料、光敏树脂、工程蜡、陶瓷粉、工程塑料、尼龙、生物降解塑料聚乳酸(PLA)等材料。

(5) 快速响应性：由于快速成型技术不必采用传统的加工机床和模具，只需要传统加工方法30%左右的工时和35%左右的成本，大大缩短了新产品的研发周期，特别适合于新产品的开发。

1.3　快速成型技术的种类

1.3.1　立体印刷成型技术(Stereo Lithography Apparatus, SLA)

该技术由 Charles Hull 于1984年获美国专利，1986年美国 3D Systems 公司推出商品化样机。该技术主要利用了液态光敏树脂的光聚合原理，这种液态材料在一定波长(325 nm 或 355 nm)和强度(10～400 mW)的紫外光的照射下能迅速发生光聚合反应，分子量急剧增大，材料也就从液态转变成固态。液槽中盛满液态光固化树脂，激光束在偏转镜作用下，能在液态表面上扫描，扫描的轨迹及位置均由计算机控制，光点扫描到的地方，液体就固化。开始时，工作平台在液面下一个确定的深度，液面始终处于激光的焦平面，聚焦后的光斑在液面上按计算机的指令逐点扫描，即逐点固化。当一层扫描完成后，未被照射的地方仍是液态树脂。然后升降台带动平台下降一层高度，已成型的层面上又布满一层树脂，刮平器将黏度较大的树脂液面刮平，然后再进行下一层的扫描，新固化的一层牢固地黏在前一层上，如此重复直到整个零件制造完毕，得到一个三维实体模

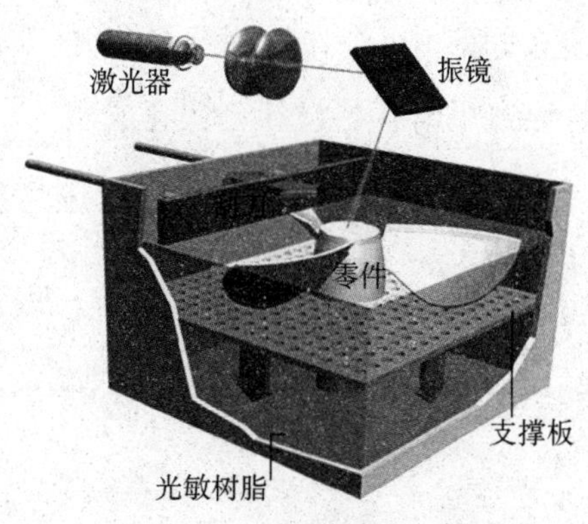

图 1-4 立体印刷成型原理

型，如图 1-4 所示。

其优点是精度较高、表面效果好，缺点是运行费用较高，且成型原件强度低、无弹性，无法进行装配。

1.3.2 层合实体制造技术(Laminated Object Manufacturing，LOM)

该技术由美国 Helisys 公司的 Michael Feygin 于 1986 年研制成功。该工艺是将薄片材料(如纸、塑料薄膜等)表面事先涂覆上一层热熔胶，用 CO_2 激光器在新层上切割出零件截面轮廓和工件外框，并在截面轮廓与外框之间多余的区域内切割出上下对齐的网格，激光切割完成后，工作台带动已成型的工件下降，与带状片材(料带)分离，供料机构转动收料轴和供料轴，带动料带移动，使新层移到加工区域，工作台上升到加工平面，热压辊热压，工件的层数增加一层，高度增加一个料厚，再在新层上切割截面轮廓，如此反复直至零件的所有截面黏接和切割完，得到实体零件，如图 1-5 所示。

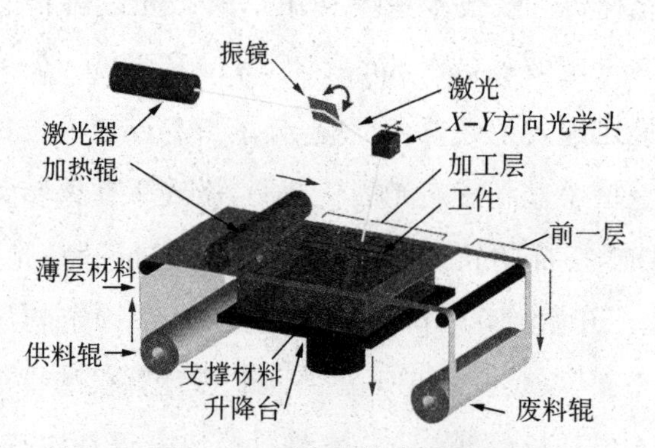

图 1-5 层合实体成型原理

此技术材料品种单一，不适宜做薄壁模型，受湿度影响容易变形，强度差，运行成本较高，材料利用率很低，后期打磨工作量很大。

1.3.3 激光烧结成型技术(Selected Laser Sintering, SLS)

该技术由美国德克萨斯大学奥斯汀分校的C.R. Dechard于1989年研制成功。首先将材料粉末铺洒在工作台表面并刮平,再用高强度的CO_2激光器在刚铺的新层上扫描出零件截面,材料粉末在高强度的激光照射下被烧结在一起,得到零件的截面,当一层截面烧结完后,工作台下降,铺上新的一层材料粉末并刮平,继续烧结下一层截面,如此反复直至零件烧结成型,如图1-6所示。

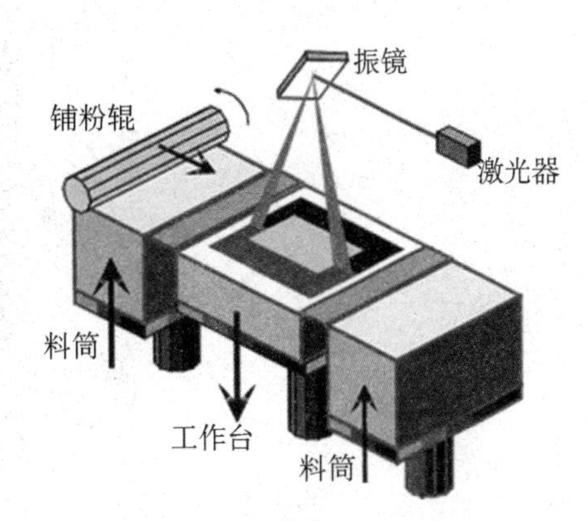

图1-6 激光烧结成型原理

该工艺最大的优点在于选材较为广泛,如尼龙、蜡、ABS、树脂裹覆砂(覆膜砂)、聚碳酸酯(poly carbonates)、金属和陶瓷粉末等都可以作为烧结对象。粉床上未被烧结部分成为烧结部分的支撑结构,因而无须考虑支撑系统(硬件和软件)。缺点是模型精度难控制、强度差、后处理工艺复杂、样件变形大、工作量大。

1.3.4 熔融沉积成型技术(Fused Deposition Modeling, FDM)

该技术是利用热塑性材料的热熔性、黏结性,在计算机控制下层层堆积成型。熔融沉积成型工艺原理是材料通过送丝机构送进喷头,在喷头内被加热熔化,喷头沿零件截面轮廓和填充轨迹运动,同时将熔化的材料挤出,材料迅速固化,并与周围的材料黏结,层层堆积成型,如图1-7所示。

其优点是设备运行成本低、无须激光器、省掉二次投入的大量费用;此种工艺的特点是既可以将零件的壁内做成网状结构,也可以将零件的壁做成实体结构。这样当零件壁内是网格结构时可以节省大量材料。成型的零

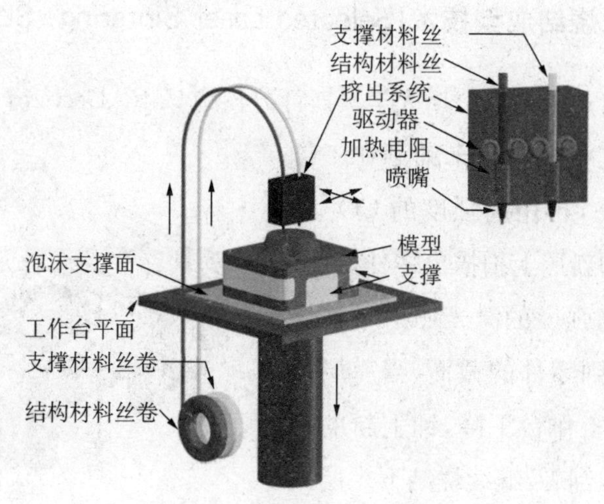

图 1-7　熔融沉积成型原理

件成型样件强度好、易于装配，且在产品设计、测试与评估等方面得到广泛应用。

1.3.5　三维喷涂黏结技术(Three Dimensional Printing and Gluing, 3DPG)

三维印刷(3DP)工艺是美国麻省理工学院 Emanual Sachs 等人研制的，于 1989 年申请了 3DP 专利，该专利是非成型材料微滴喷射成形范畴的核心专利之一。3DP 工艺与 SLS 工艺类似，采用粉末材料成型，如陶瓷粉末。所不同的是材料粉末不是通过烧结连接起来的，而是通过喷头用黏合剂(如硅胶)将零件的截面“印刷”在材料粉末上面。具体工艺过程是上一层黏结完毕后，成型缸下降一个距离(等于层厚：0.013～0.1 mm)，供粉缸上升一高度，推出若干粉末，并被铺粉辊推到成型缸，铺平并被压实。喷头在计算机控制下，按下一建造截面的成型数据有选择地喷射黏结剂建造层面。铺粉辊铺粉时多余的粉末被集粉装置收集。如此周而复始地送粉、铺粉和喷射黏结剂，最终完成一个三维粉体的黏结。未被喷射黏结剂的地方为干粉，在成型过程中起支撑作用，且成型结束后，比较容易去除，如图 1－8 所示。

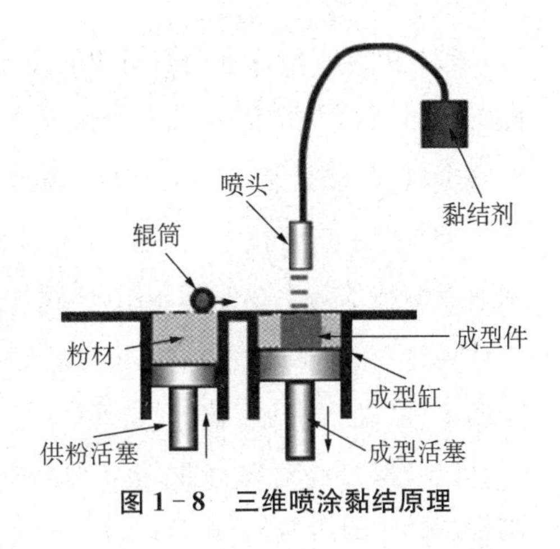

图 1－8　三维喷涂黏结原理

此技术的优点是多零件制作时速度快、成型材料价格低、适合做桌面型的快速成型设备。并且可以在黏结剂中添加颜料，可以制作彩色原型；缺点是喷头易损、运行成本较高、零件制作完成后不能马上应用，要用胶水固化，以保证零件强度，零件精度较差。

各快速成型工艺的特点比较如表 1－1 所示。

表 1－1　各快速成型工艺比较

成型工艺	成型速度	成型精度	模型大小	支撑结构	使用材料
SLA	快	高	中、小件	无	光敏树脂
LOM	较快	较低	中、大件	需要	纸、塑料薄膜
SLS	较慢	较低	中、小件	需要	石蜡、金属、陶瓷
FDM	较慢	较高	中、小件	需要	蜡、塑料、尼龙
3DPG	快	较高	中、小件	无	石膏粉、光敏树脂粉

1.4　快速成型技术的用途与应用

（1）快速成型技术主要用于产品的研发阶段，可以为设计者与用户、设计者与决策者之间提供一个实物模型，便于交流和快速、准确地判断市场需求。

(2) 快速成型技术能以最快的速度将设计思想物化成具有一定结构功能的产品,然后对产品的设计开发进行评价、测试和改进,完成设计到制造的整个过程,提高制造业生产效率和新产品的研发效率。

(3) 快速成型技术与逆向工程相结合,可以对产品进行重构和修补。快速成型技术与生物医学相结合,可快速制造人体结构,实现仿生制造。

经过30多年的发展,快速成型技术广泛应用于汽车制造、航空航天、船舶工程、动力机械、教育、交通、通信、计算机、家电制造、电动工具、轻工玩具以及医疗修复等行业,极大地缩短和降低新产品研发的周期和费用,是企业快速响应市场、在市场竞争中处于强势地位的锐利工具(见图1-9)。主要体现在新产品概念设计,产品设计审定,零件工程测试,零件整体配合及评估,产品的功能测试与结构分析,产品样品(首版)的制作,产品的市场推广,生产的可行性研究,为硅橡胶模、金属喷涂模等快速经济制模制作母件等。

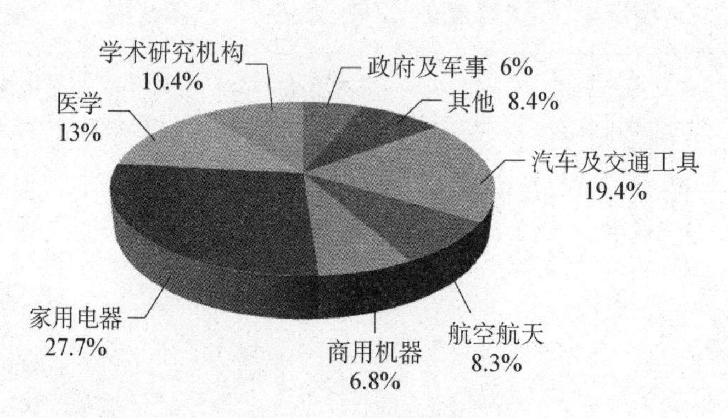

图1-9 应用领域

1) 产品的设计评价与验证

快速成型技术可以方便快速地制作出实物模型,利用已成型的样品,找出新产品外观 & 结构设计的缺陷,及时发现纠正错误,完善设计,从而减少产品开发的时间和成本。图1-10为某手机的外壳样品,图1-11为某电子产品的保护壳样品。

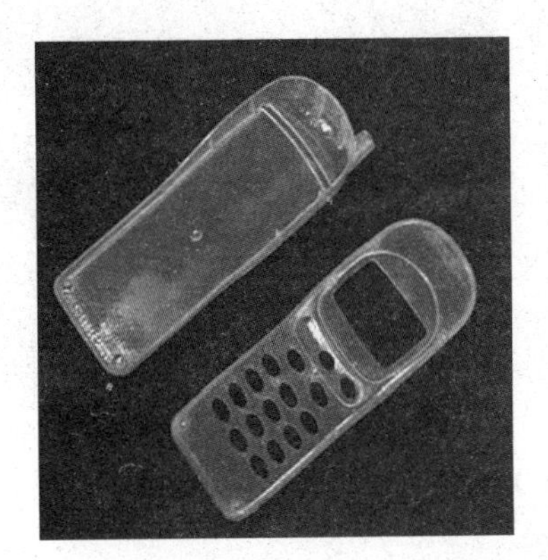
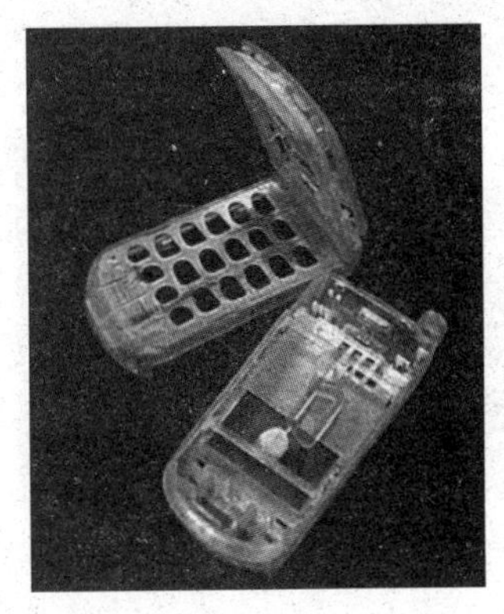

图1-10 手机外壳设计

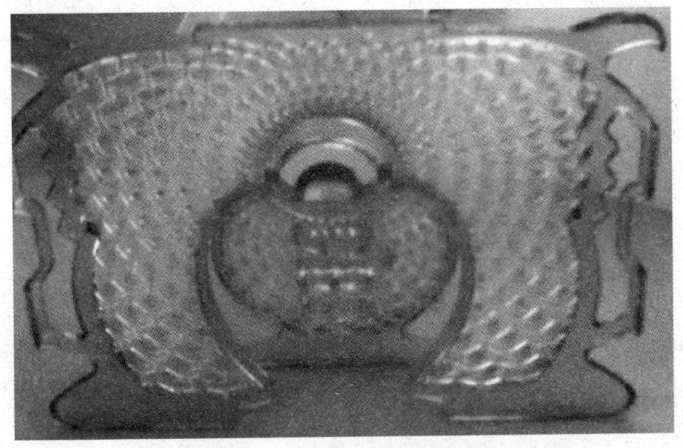

图1-11 电子产品保护壳设计

2) 产品的功能测试与验证

快速成型技术不仅在设计方面提供帮助,还可以对模型的机械强度、装配性、热传导性以及流体力学等功能进行测试和论证。图1-12为儿童座椅模型,图1-13为搅拌机模型。

3) 医疗应用领域

快速成型技术可以用于制作医疗教学或手术参考模型,如外科手术模型、手术分析、矫正修复等。图1-14为面部轮廓矫正手术模型。

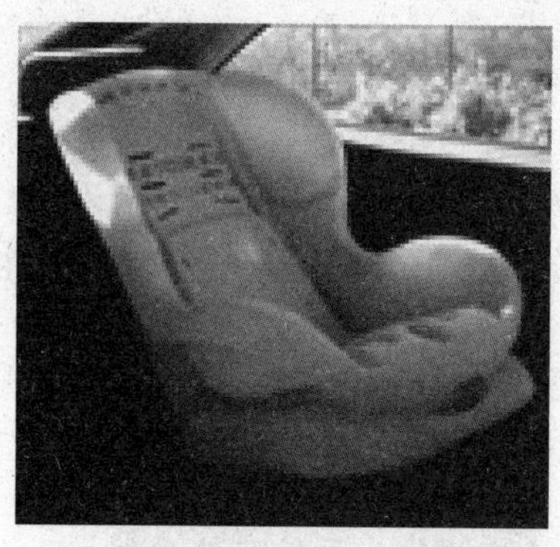

图 1-12　儿童座椅性能测试

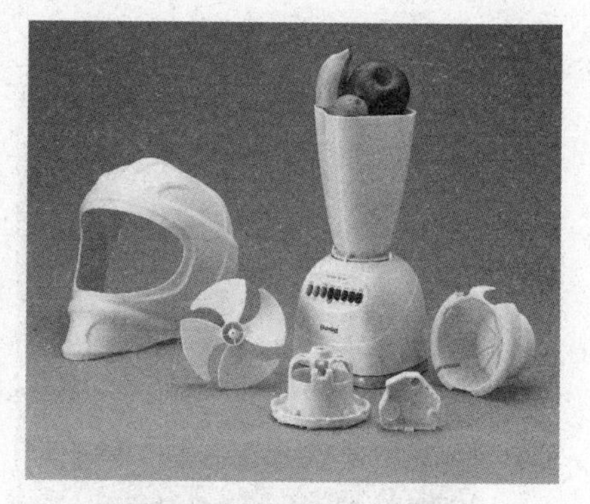

图 1-13　搅拌机功能测试

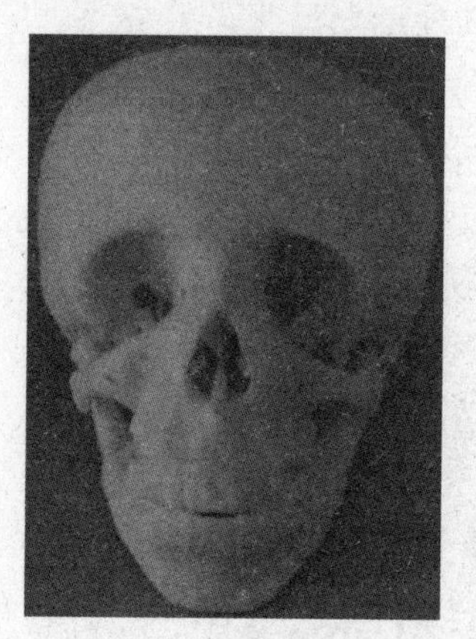

图 1-14　面部轮廓模型

1.5　快速模具技术

基于快速成型的快速模具(RT)及快速复制技术(RPM)是近几年在国内外发展起来的一种快速制造技术。该技术融合了高分子复合材料应用、快速成型技术、快速翻制工艺以及 CNC 加工等新技术和新工艺,可快速、低成本地制造非金属模具,适用于产品开发过程中的小批量试制或小批量生产、结构较简单的零件生产。

RT 技术与传统模具加工技术相比,其制造周期仅为传统模具制造的 1/10～1/2,生产成本仅为传统模具制造的 1/5～1/3,大大降低了企业新产品开发的成本。利用 RT 技术制造的模型作为母模,可以根据不同的批量、功能要求,进行小批量制造。

快速模具法按模具制造方式来分,可分为直接制模法和间接制模法。

1）直接制模法

直接制模法是指模具 CAD 的结果由 RP 系统直接制造出模具供生产使用。这种方法不需要 RP 原型作样件,也不依赖传统的模具制造工艺,对金属模具的制造尤其快捷,是一种有开发前景的快速模具制造方法。

2）间接制模法

间接制模法是以 RP 原型作样件,间接制造产品的方法。在模具的研制过程中,样件的设计和加工是一个非常重要的环节,传统的加工方法需要按照产品的图纸制作原型,不仅费时、精度低,而且无法制作一些复杂结构的零件,数控加工技术虽然提高了制作精度和制造效率,但费时又耗成本。与之相比,RPM 技术克服了传统样件的缺点,能够更快、更好、更方便地设计并制造出各种复杂的样件,将 RP 原型作为样件用于模具制造,一般可使模具制造周期和制造成本下降 1/2,大大提高了生产效率和产品质量。图 1-15 为

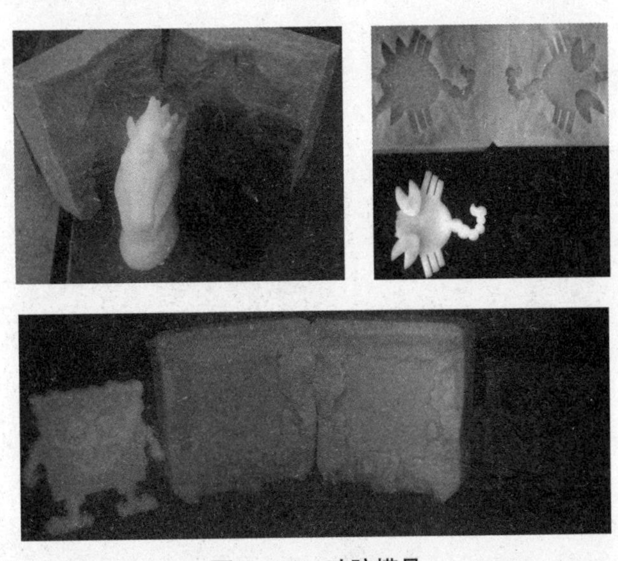

图 1-15　硅胶模具

利用 RP 技术成型的模型作为母模而制作的硅胶模具。

思考题

1. 简述快速成型技术的原理。
2. 简述快速成型技术的工艺过程。
3. 简述快速成型技术的种类及其工艺特点。
4. 简述快速成型技术的特点和应用。

第2章
快速成型制造技术的发展趋势

快速成型技术(RP技术)是制造技术的一次质的飞跃,它从成型原理上提出一个全新的思维模式,为制造技术的发展创造了一个新的机遇。20世纪80年代研究人员开发出了多种成型技术,如SLA,SLS,LOM,FDM,3DPG等具体的工艺方法,这些工艺方法都是在材料累加成型的原理基础上,结合材料的物理化学特性和先进的工艺方法而形成的,它与其他学科的发展密切相关,随着科技的飞速发展,RP技术也逐步向桌面化设备、金属零件直接快速制造技术、快速制造技术与传统工业相结合、快速制造与微纳制造相结合、快速制造与生物医学制造领域相结合这5个方向发展。

2.1 桌面化设备

随着市场竞争的加剧,许多企业需要的快速成型设备应满足价格较低、可靠性高、操作简便、材料和运行费便宜等条件。2005年全球70多个国家销售桌面化三维打印设备2528台,占整个RP设备销售量的70%。今后在越来越多的办公室或家庭都会出现小型RP设备,联网就可进行模型制作,像打印机一样方便,如图2-1所示。

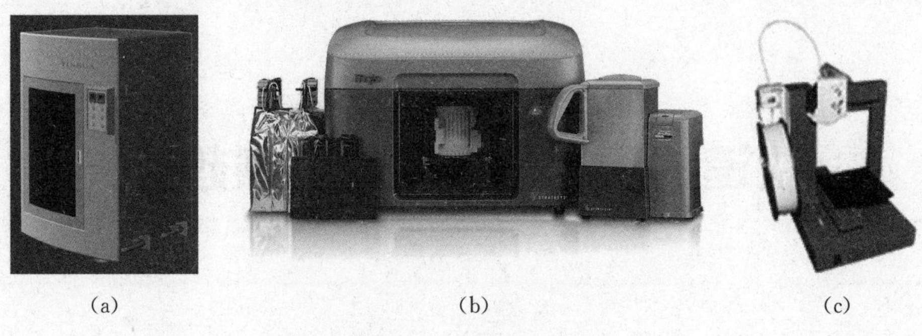

(a) (b) (c)

图 2-1 桌面化设备

(a) 北京殷华公司 Printer3DA 设备； (b) Mojo 3D Print； (c) 北京太尔 Up! 三维打印机

2.2 金属零件直接快速制造技术

金属零件的直接快速制造是 RP 技术的重要发展趋势，成型材料为特种性能金属材料(钛、钨及高温合金)，可直接成型得到功能性零件，主要应用于航天、国防、医疗等领域。

2.2.1 激光选区熔化成型制造技术

1) 直接金属激光烧结技术(Direct Metal Laser Sintering, DMLS)

通过在基材表面添加熔覆材料，并利用高能密度的激光束使之与基材表面薄层一起熔凝的方法，在基层表面形成与其为冶金结合的添料熔覆层，混合金属粉末在烧结过程中可以相互弥补收缩，使最终的收缩率几乎为零，铺粉层厚度可以达到 0.02 mm，从而大力提高了烧结件的表面粗糙度(见图 2-2)。

2) 激光选区熔化技术(Selective Laser Melting, SLM)

SLM 技术可以直接制成终端金属产品，省掉中间过渡环节。金属零件具有很高的尺寸精度(达 0.1 mm)和表面粗糙度(30～50 mm)；制造出来的金属零件是具有冶金结合的实体，其相对密度几乎能达到 100%；成型材料包括不锈钢、钛合金、工具钢等多种材料；适合各种复杂形状的工件，尤其适

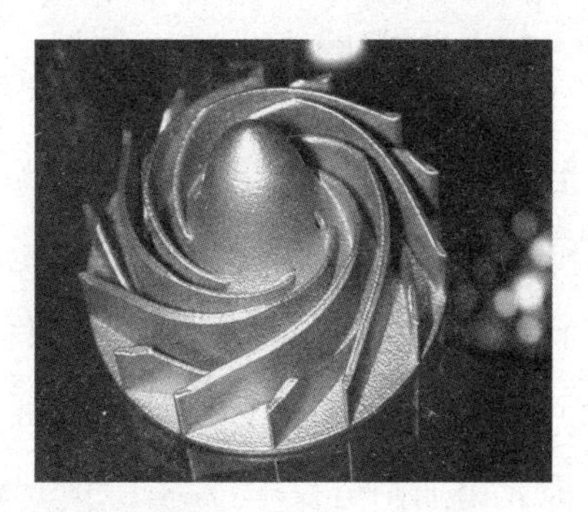

图 2-2　德国 EOS 公司的 DMLS 技术

合内部有复杂异型结构(如空腔)、用传统方法无法制造的复杂工件;可以用于医用定制化手术模板、牙冠牙桥等的直接制造(见图 2-3)。

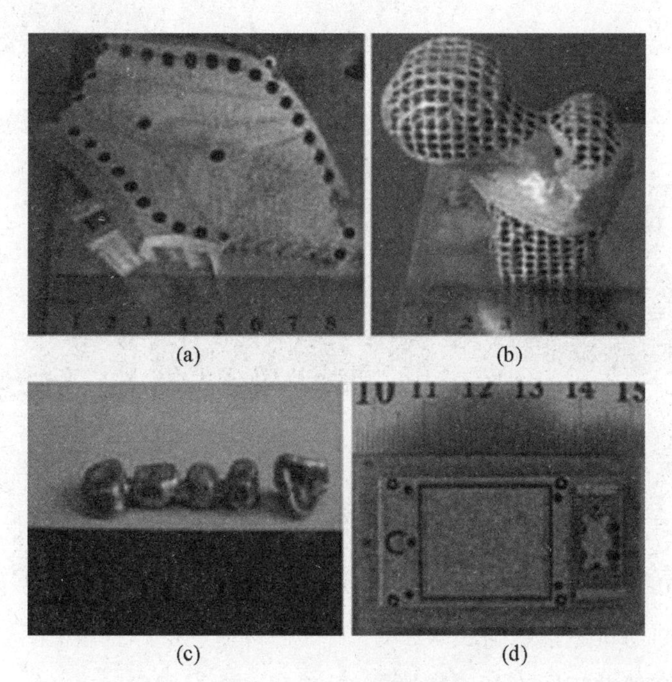

图 2-3　SLM 应用举例

(a) 定制化手术模板； (b) 个性化多孔植入体； (c) 个性化牙桥牙冠直接制造； (d) 手机面板注塑模具快速制造

2.2.2 激光熔覆成型制造技术

激光熔覆成型技术(Laser Cladding Forming, LCF)是近年来在激光熔覆技术和RP技术的基础上发展起来的一种新技术,也称近形技术(Laser Engineering Net Shaping, LENS)(见图 2-4)、直接光制造技术(Directed Light Fabrication, DLF)、直接金属沉积技术(Direct Metal Deposition, DMD)、激光添加制造技术(Laser Additive Manufacturing, LAM)等。

图 2-4 LENS 技术

成型时,有一束高功率激光会照射到基材表面形成熔池,与此同时金属粉末通过同轴送粉嘴被同轴地喷入熔池形成熔覆层,送粉嘴根据CAD给定的各层截面的轨迹信息,在NC的控制下将材料逐层扫描堆积,再对熔覆成型的金属零件进行适当的后续加工,最终制造出金属实体零件。

激光熔覆技术具有成型零件复杂、结构优化、性能优良,加工材料范围广泛、可实现梯度功能、柔性化程度高、制造周期短、可实现无模化成型等独特优点,在材料利用率、研制周期和制造成本等方面均优于铸造和锻造技术。

2.2.3　电子束选区熔化成型制造技术

利用 RP 技术的工艺原理，以高能量密度和高能量利用率的电子束作为加工热源，对材料进行完全融化成型。与激光相比，电子束具有能量利用率高，加工材料广泛、无反射、加工速度快、真空环境无污染、运行成本低的优点，可以充分利用电子束、依靠磁偏转线圈进行扫描，对钛合金等易氧化、难成型金属进行直接快速的制造。

一般来说，电子束熔化制造技术（Electron Beam Melting，EBM）主要分为两种。一种是利用电子束熔化金属丝材，电子束不动，金属丝材通过送丝机构和工作台移动，与 LENS 技术类似；还有一种就是利用电子束熔化铺在工作台面上的金属粉末，电子束实时偏转来实现融化成型，无须二维运动部件，如图 2－5 所示。

图 2－5　瑞典 Arcam 公司的 EBM 技术

2.3　传统工业领域的快速制造

采用快速成型的离散-堆积成型原理与工艺完成铸型制造的技术与方法称为 RP 铸型制造。RP 铸型制造又可分为间接 RP 铸型制造和直接 RP 铸型制造，前者运用 RP 技术所完成的仅是铸型的原型，须经进一步的翻制和转换才能获得用于浇注的铸型，如硅胶型、石膏型和陶瓷型等；后者运用RP技术直接完成可供浇注的铸型，如覆膜砂型、树脂砂型等。直接RP铸型制造又可分为微滴喷射技术RP铸型制造和激光束RP铸型制造两大类。前者的研究单位有清华大学和佛山峰华公司的无木模铸型制造技术(PCM)(见图2-6)和美国ProMetal公司的快速铸型制造技术(RST)；后者主要有华中科技大学和北京隆源公司及德国EOS公司的覆膜砂激光选区烧结技术(Direct Cast)(见图2-7)。PCM技术成本低、无须木模，型、芯同时成型、无起模斜度、易于制造含自由曲面的大型铸型(≈1 500 mm)，而Direct Cast易达到较高的精度，铸型尺寸小(一般小于500 mm)，成本较高，能量利用效率低。

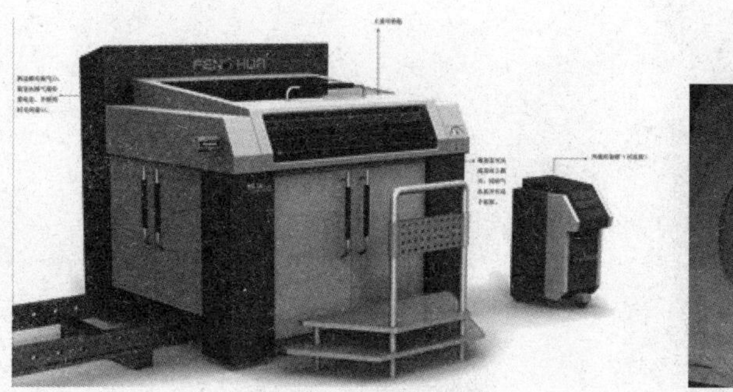

图2-6 佛山峰华公司的无木模铸型制造技术

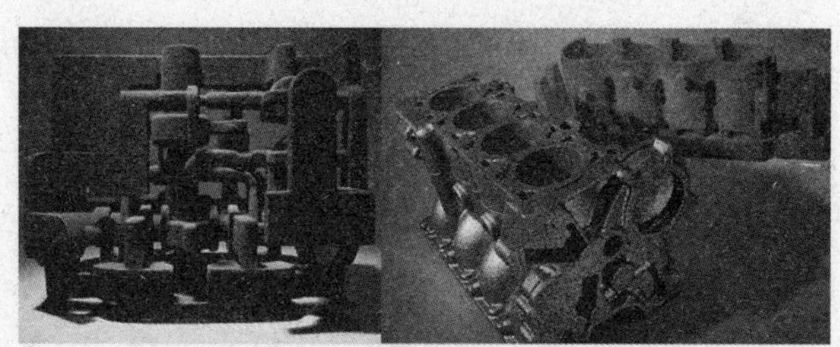

图2-7 EOS公司的覆膜砂激光选区烧结技术

2.4　微纳米加工中的快速成型制造技术

1）日本大阪大学“纳米牛”

日本大阪大学将双光子吸收与光固化制造微结构方法相结合，用非线性方法获得了尺寸小于光学亚衍射极限，达到 120 nm 的微结构。图 2－8 为他们用两股激光射线合成树脂溶液制造的“纳米牛”，总长为 10 mm，总高为 7 mm，其中细部特征尺寸达到 150 nm。

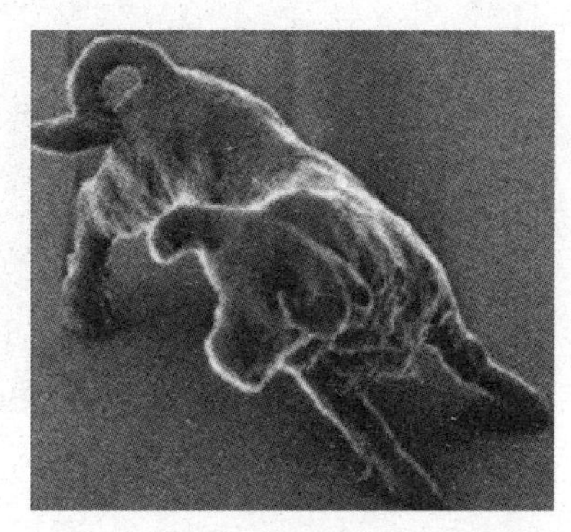

图 2－8　日本大阪大学“纳米牛”

2）美国 Illinois 大学微笔喷射技术

采用含有聚阴离子和聚阳离子的高分子混合物通过微笔喷射到溶液中并迅速固化，成型网状三维结构，细丝直径为 0.5～5.0 μm（见图 2－9）。

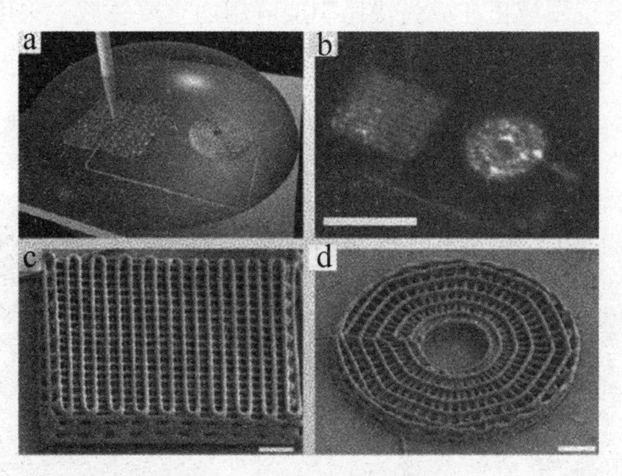

图 2－9　微笔喷射技术

3）美国西北大学蘸水笔技术

美国西北大学 Mirkin 小组首先提出了蘸水笔纳米加工技术 DPN（Dip-pen Nanolithography），实现样品表面高精度图形的直接加工。DPN 利用原子力显微镜(AFM)探针将自组装膜(Self Assembly Monolayer, SAM)材料涂覆在样品表面,得到单分子层的淀积图形(见图 2-10)。

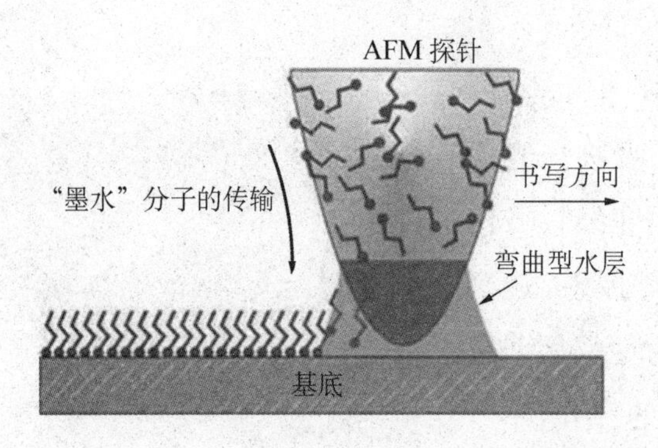

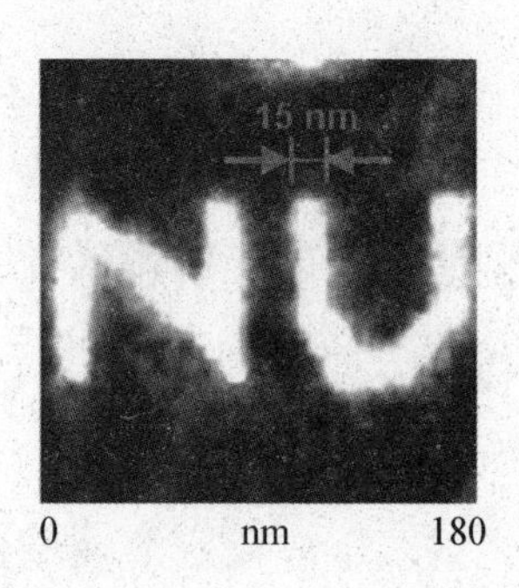

图 2-10 蘸水笔技术

2.5 生物医学领域的快速成型制造技术

1) 无托槽隐形矫牙颌畸形矫治器快速制造。

隐形牙畸正领域正在成为快速制造应用的重要领域。采用牙颌石膏模型层析设备、RP 设备、牙颌畸形过程计算机辅助诊断和矫治设计系统可以完成对牙齿的畸形矫正,效果很不错。图 2-11 为牙矫正模型。

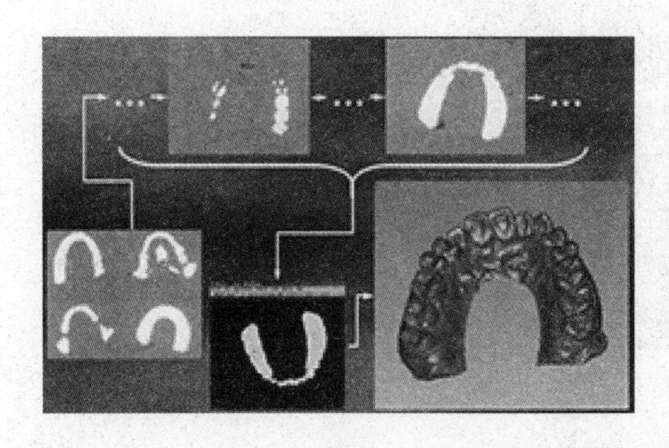

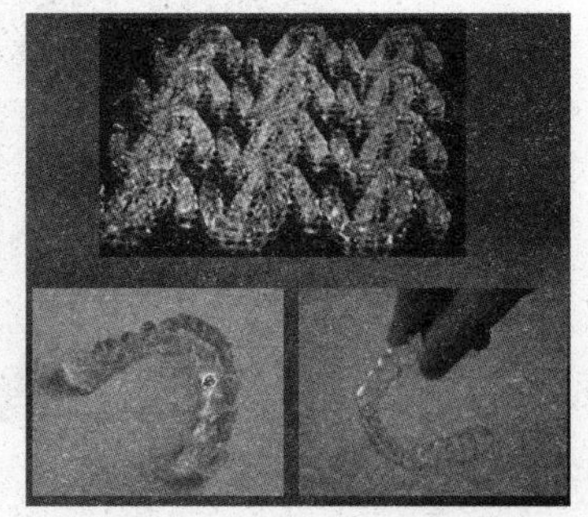

图 2-11 牙矫正模型

2) 生物材料快速制造(LDM)

LDM 工艺将快速成型的离散-堆积原理与热致相分离法相结合完成具

有精细分级结构的组织工程支架低温下成型，保持了生物材料的活性。采用 LDM 工艺完成了孔隙率达 90%的聚酯-磷酸钙骨支架，可以进行大段骨的损伤修复和大段人工骨诱导羊腰椎椎体间脊柱融合。多分支多层血管支架研究的进展也是生物材料 RP 技术的成就之一。

3）基于快速成型的细胞受控三维组装

多种类型的细胞及仿生外基质材料在计算机控制下，按设计的结构被排布成一种特殊的（合适的）空间结构，形成类组织前体，经培养而发育成具有特定生理、生化和力学功能的组织。细胞三维受控组装技术，是构建复杂组织器官、生物传感器和微生理系统的重要前沿技术。图 2－12 为血管仿生图。

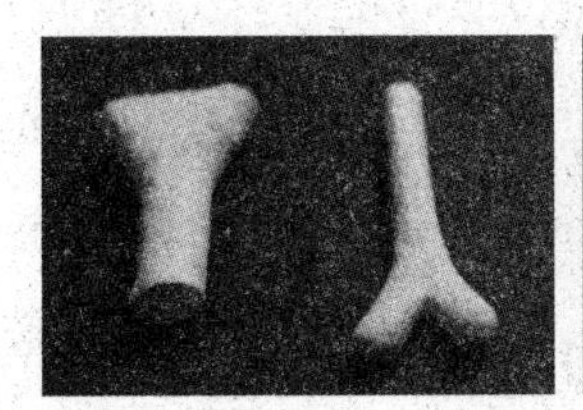
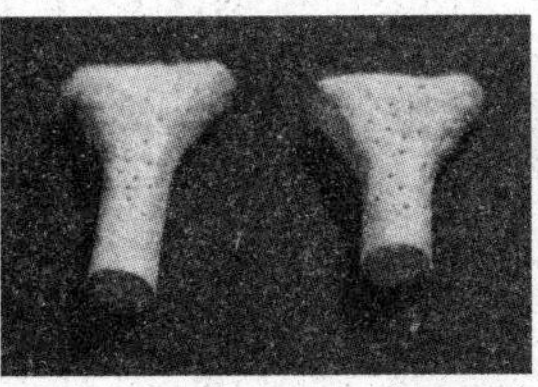

图 2－12　血管仿生

未来，通过先进的 RP 技术打印出的质量更好的骨骼替代品或将帮助外科手术医师进行骨骼损伤的修复，可以用于修复与重建病损组织器官；可以发展成为组织生物传感器；可以构建和模拟生理系统功能，用于病理研究和药理研究。

思考题

1. 简述快速成型技术的发展趋势。

2. 你对发展趋势中的哪个方面兴趣最大？

3. 你觉得哪方面的发展会对未来的生活影响较大？

第3章
数字化模型设计

RP 技术最重要的作用就是能将概念和构思快捷、方便地转变成具有一定结构和功能的实物模型。成型技术的基础就是构建三维的数字化模型。市场上的三维设计软件有很多种，比如美国参数技术公司（Parametric Technology Corporation，简称 PTC 公司）旗下的 Pro/Engineer、Siemens PLM Software 公司出品的 UG（Unigraphics NX）、法国达索公司开发的 CATIA、达索系统下的子公司开发的 SolidWorks、北京数码大方科技股份有限公司开发的 CAXA、美国 Robert McNeel & Assoc 开发的 Rhino 等，每种软件都有不同的应用领域，但基本特征的构建方法差不多。在此，以 Pro/ENGINEER 为例介绍模型的数字化构建。

Pro/ENGINEER 三维实体建模设计系统是美国参数技术公司的产品，改变了机械 CAD/CAE/CAM 领域的传统概念，这种全新的设计理念已经成为当今世界机械 CAD/CAE/CAM 领域的新标准。PTC 公司在 1989 年提出了 Pro/ENGINEER V1.0 版本，操作的直观性和设计理念的优越性也深入人心，本书介绍的 Pro/ENGINEER Wildfire 5.0 是 PTC 公司推出的新版本。

3.1 工作界面

双击桌面上的快捷方式图标，打开如图 3-1 所示的 Pro/ENGINEER

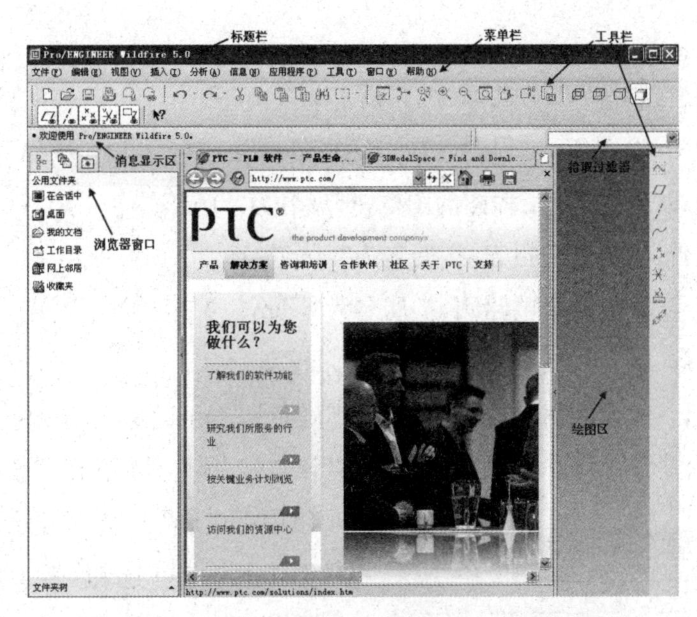

图3-1　Pro/ENGINEER Wildfire 5.0 工作界面

Wildfire 5.0 工作界面。Pro/ENGINEER Wildfire 5.0 的工作界面分为8个部分，分别是标题栏、菜单栏、工具栏、浏览器窗口、操控板、绘图区、拾取过滤器、消息显示区。

3.2　文件操作

在菜单栏中选择“文件”——“新建”命令或直接单击工具栏中“新建”按钮，系统打开“新建”对话框，如图3-2所示。

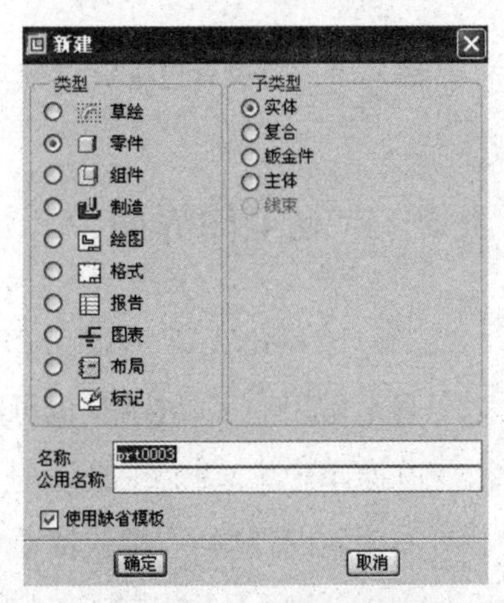

图3-2　“新建”对话框

- 草绘：绘制2D剖面图文件，扩展名为“.sec”。
- 零件：创建3D零件模型，扩展名为“.prt”。
- 组件：创建3D组合件，扩展名为

“.asm”。

- 制造:制作 NC 加工程序,扩展名为“.mfg”。
- 绘图:生成 2D 工程图,扩展名为“.drw”。
- 格式:生成 2D 工程图的图框,扩展名为“.frm”。
- 报告:生成一个报表,扩展名为“.rep”。
- 图表:生成一个电路图,扩展名为“.dgm”。
- 布局:组合规划产品,扩展名为“.lay”。
- 标记:为所绘组合件添加标记,扩展名为“.mrk”。

在“新建”对话框“类型”选项组中默认点选“零件”单选钮,“子类型”选项组中可点选“实体”、“复合”、“钣金件”、“主体”单选钮,默认选项为“实体”。

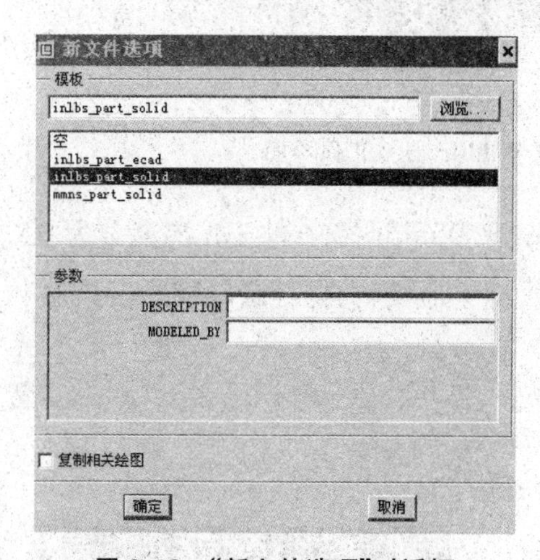

图 3-3 “新文件选项”对话框

在该对话框中勾选“使用缺省模板”复选框,生成文件时将自动使用缺省模板,否则单击“新建”对话框中“确定”按钮后将打开“新文件选项”对话框选择模板。如在点选“零件”单选钮后的“新文件选项”对话框如图 3-3 所示。

3.3 定制工作界面

Pro/ENGINEER Wildfire 5.0 功能强大,命令菜单和工具按钮繁多,可以只显示常用的工具按钮,也可以根据个人喜好进行设置。

在菜单栏中选择“工具”——“定制屏幕”命令,或在工具栏区域的工具栏处右击,在打开的右键快捷菜单(见图 3-4)中选择“工具栏”命令,系统打开如图 3-5 所示的“定制”对话框,在该对话框中可以定制菜单栏和工具

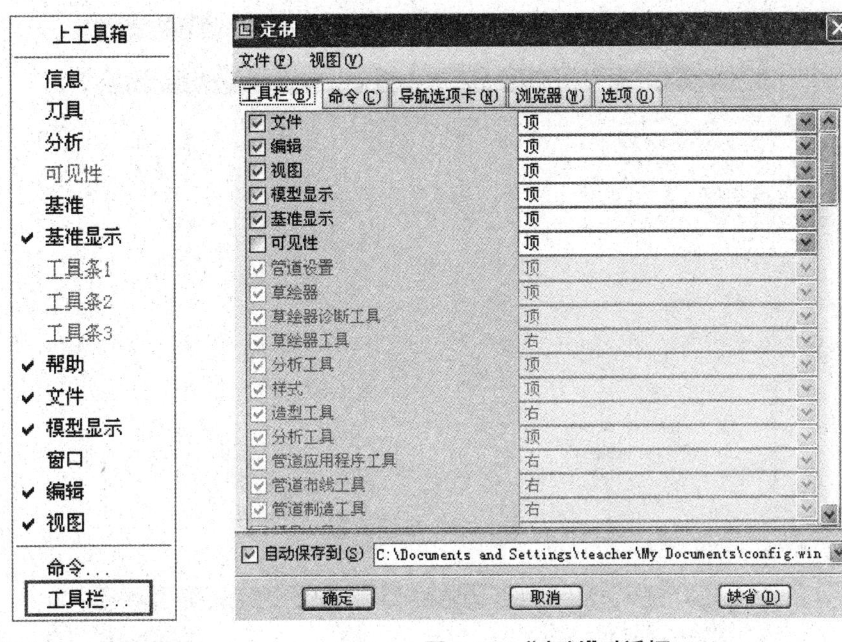

图3-4　快捷菜单　　　　图3-5　“定制”对话框

栏。默认状态下，所有命令都将显示在“定制”对话框中。

勾选“定制”对话框下部的“自动保存到”复选框，可以保存当前设置在config. win文件中。如果取消对“自动保存到”复选框的勾选，则定制的结果只应用于当前的进程中。

1)“文件”菜单

“文件”菜单中包含“打开设置”和“保存设置”两个命令。

(1) 打开设置：打开如图3-6所示对话框，在该对话框中可选择已存在的config. win文件，通过载入和编辑配置文件，即可完成对工作界面的设置。

(2) 保存设置：打开如图3-7所示对话框，可将当前工作界面的配置文件保存起来。保存时可以选择路径，并可以对配置文件重新命名。

2)“视图”菜单

在“视图”菜单中只包含“仅显示模式命令”命令，该命令可控制“命令”

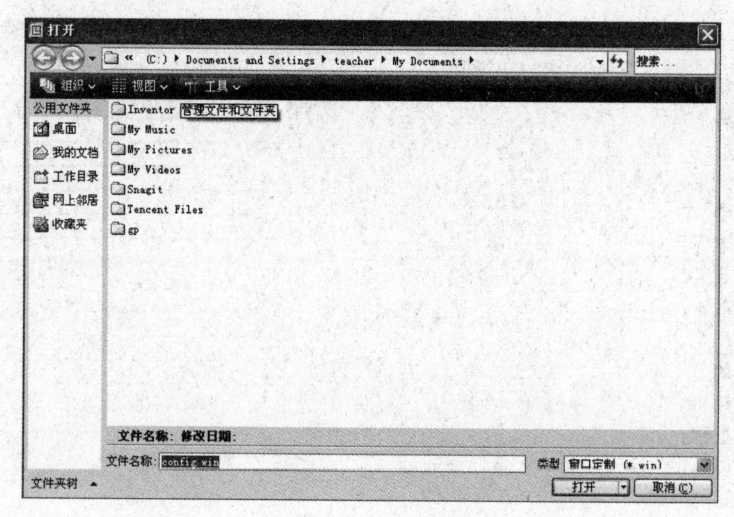

图 3-6　打开设置

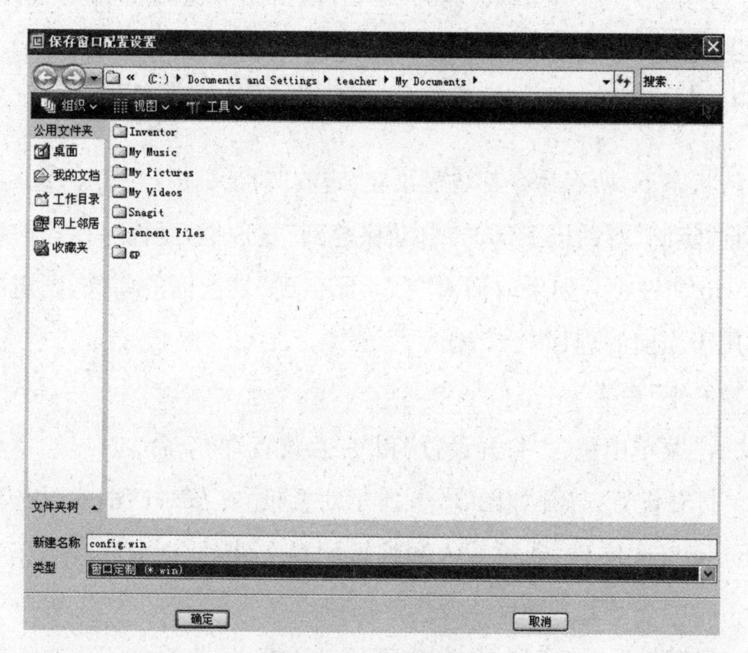

图 3-7　保存设置

选项卡命令的显示。选择该命令，则在“命令”选项卡中只显示模式命令，否则将显示所有命令。

3）“工具栏”选项卡

单击“定制”工具栏中的“工具栏”选项卡，对话框如图3-8所示。该选项卡中包括所有工具栏，如果需要在工作界面中显示某工具栏，则勾选其前面的复选框；反之则取消即可。当工具栏处于勾选状态时，可以在右侧的下拉列表中设置其在工作界面的显示位置。

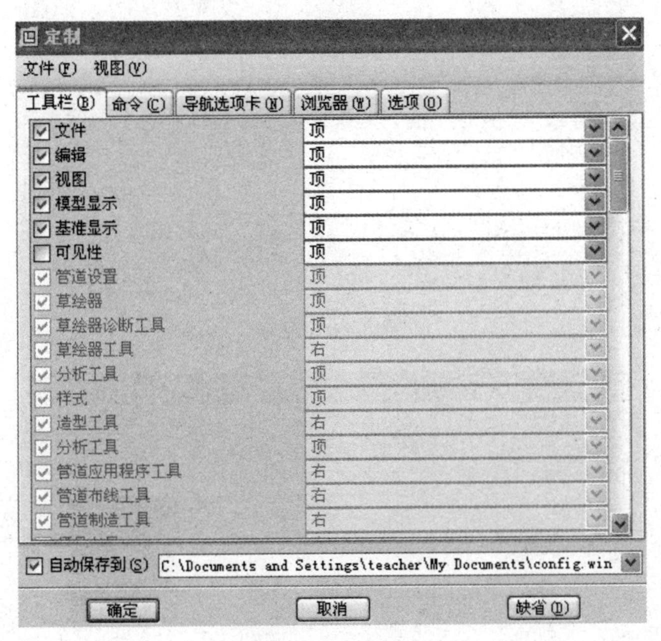

图3-8　工具栏

4）“命令”选项卡

单击“定制”工具栏中的“命令”选项卡，对话框如图3-9所示。要添加某一个菜单项或按钮，可将其从“命令”列表框拖到菜单栏或工具栏中。要移除某一个菜单项或按钮，从菜单栏或工具栏中将其拖出即可。

5）“导航选项卡”选项卡

单击“定制”工具栏中的“导航选项卡”选项卡，对话框如图3-10所示，用于设定导航器的显示位置、宽度以及消息提示区的显示位置等。

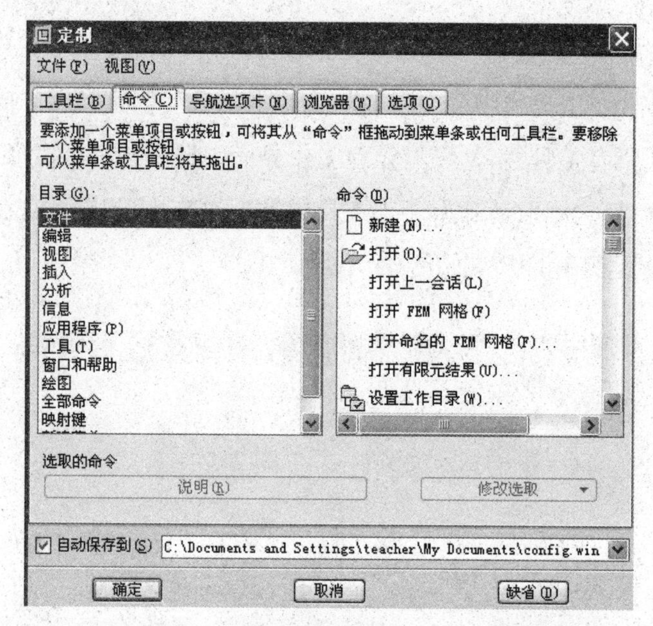

图 3-9 命令

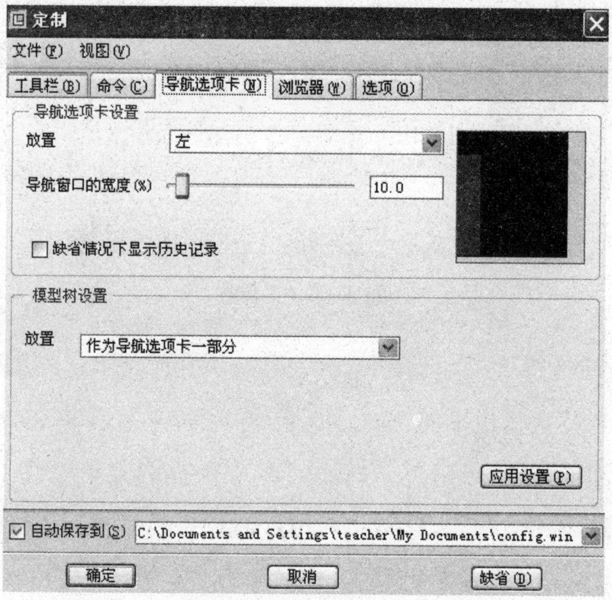

图 3-10 导航选项卡

6)“浏览器”选项卡

单击“定制”工具栏中的“浏览器”选项卡，对话框如图 3-11 所示，可以

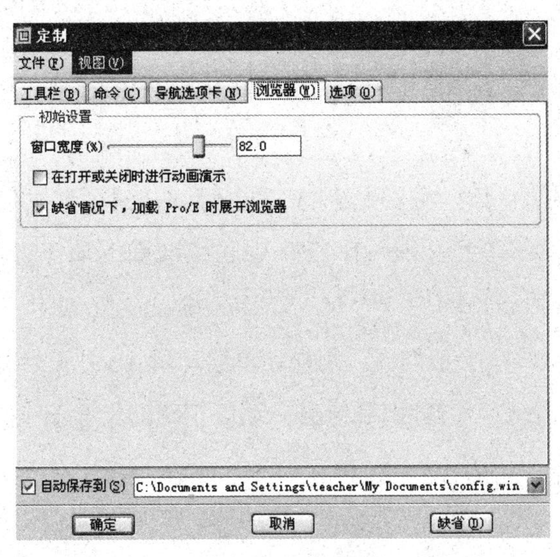

图 3－11　浏览器

设置窗口的宽度。

7)“选项”选项卡

单击“定制”工具栏中的“选项”选项卡，对话框如图 3－12 所示，用来设置此窗口的显示大小以及菜单的显示。

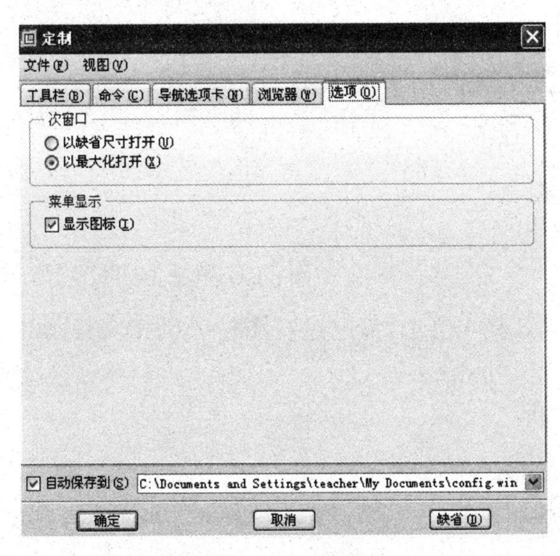

图 3－12　选项

3.4 二维草绘基础

在进行草图绘制时，需要先绘制二维截面图，然后通过拉伸、旋转、扫描等特征生成实体。在 Pro/ENGINEER 中二维截面图属于参数化设计，由二维几何图形（Geometry）数据、尺寸（Dimension）数据和二维几何约束（Alignment）数据 3 个要素构成。用户在草绘环境中，可先绘制大致的二维几何图形，然后再进行尺寸修改，系统会自动以正确的尺寸值来约束几何图形。

3.4.1 进入草绘环境

打开 Pro/ENGINEER Wildfire 5.0 工作界面。在菜单栏中选择“文件”——“新建”命令或直接单击工具栏中“新建”按钮，系统打开“新建”对话框，在“类型”选项组中点选“草绘”单选项，选用默认名称，系统会自动添加. sec，单击“确定”按钮进入草绘界面。

3.4.2 草绘环境中各工具栏按钮

1）“草绘器”工具栏

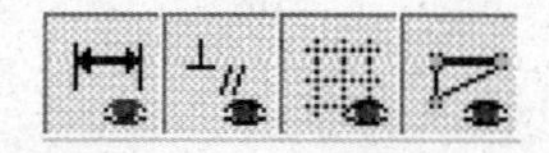

图 3-13 “草绘器”工具栏

“草绘器”工具栏如图 3-13 所示，依次是“草绘方向”、“显示尺寸”、“显示约束”和“显示顶点”。

2）“草绘编辑”工具栏

草绘界面的右侧直列的图标，被称为“草绘编辑”工具栏，如图 3-14 所示，借助这些图标可以完成截面的绘制、尺寸的标注与修改、约束条件的定义等。表 3-1 具体介绍了“草绘编辑”工具栏中各图标的含义。

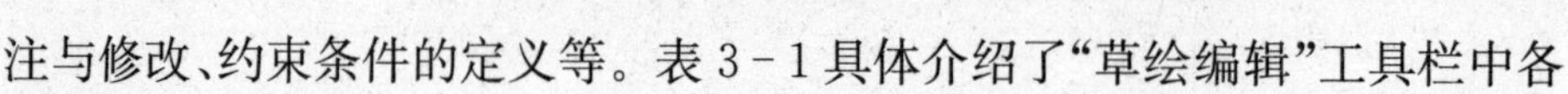

图 3-14 “草绘编辑”工具栏

表 3-1　"草绘编辑"工具栏图标功用一览表

图标		功用
		选取模式的切换，与 shift 键配合可多选编辑像素
		绘制直线、切线、中心线和几何中心线
		绘制矩形、斜矩形和平行四边形
		绘制圆、同心圆、外接圆、内切圆和椭圆
		绘制圆弧、同心圆弧、切线弧和圆锥曲线
		倒圆和倒椭圆弧
		倒角和倒角修剪
		绘制样条曲线
		创建点、几何点、坐标系和几何坐标系
		以物体边界为像素
		标注法向、周长、参照和基线尺寸
		修改尺寸值、样条几何和几何图元
		约束条件
		绘制文本
		将调色板中的外部数据插入到活动对象
		删除段、拐角和分割
		镜像、像素缩放与旋转

约束条件可以定义也可以修改几何特征之间的关系，可以使用户精准定位、定形。表 3－2 具体介绍了这 9 种约束条件的具体含义和基本用法。

表 3－2　约束条件功用、用法一览表

约束条件	功用	需选择的像素
+	直线铅垂，两点共在同一铅垂线上	一条直线，两点草绘点或端点
—	直线水平，两点共在同一水平线上	一条直线，两点草绘点或端点
⊥	直线互相垂直	两条直线
9	直线与圆相切	直线和圆
\	定义直线中点	一条直线
⊙	共线、共点、对齐	两条直线，两个草绘点或端点，一个点或一条直线
→¦←	对称	一条中心线及其他对称像素
=	相同的曲率半径，线段相等	两个圆，两段圆弧，两条线段
//	直线互相平行	两条直线

3.4.3　绘制草图的基本方法

1）直线

(1) 线。

具体的操作步骤：在菜单栏中选择“草绘”—“线”—“线”，或单击“草绘编辑”工具栏中“线”按钮 \ 。在绘图区单击直线起点，再单击确定直线的终点，系统会在两点之间绘制一条直线，单击中键退出。

(2) 相切直线。

通过“直线相切”命令可以绘制一条与已存在的两个图元相切的直线，具体步骤：在菜单栏中选择“草绘”—“线”—“直线相切”，或单击“草绘编辑”

工具栏中“线”按钮 右侧按钮 ，找到“直线相切”按钮 。先在已经存在的圆或圆弧上选取一个起点，如图 3-15 所示，然后在另外一个圆或圆弧上选取一个终点，单击中键退出，如图 3-16 所示。

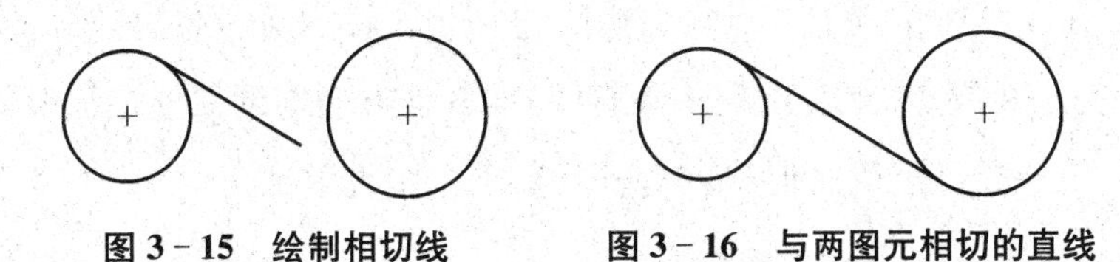

图 3-15 绘制相切线 **图 3-16 与两图元相切的直线**

(3) 中心线。

中心线是用来定义一个旋转特征的旋转轴、在同一剖面内的一条对称直线，或用来绘制构造直线。中心线是无限延伸的线，不能用来绘制特征几何。

2) 矩形

可以通过给定任意两条对角线来绘制矩形，具体操作：在菜单栏中选择“草绘”—“矩形”—“矩形”命令，或单击“草绘编辑”工具栏中的“矩形”按钮 的右侧按钮 的 。选取放置矩形的一个顶点单击，再移动光标选取另一个顶点单击，即可完成，单击中键退出。

该矩形的 4 条边是相互独立的。可进行单独处理(如修剪、对齐等)，通过“草绘编辑”工具栏的“选取”按钮 ，可任意选取一条边。

3) 圆

(1) 圆。

在菜单栏中选择“草绘”—“圆”—“圆心和点、同心、3 点、3 相切”命令或通过“草绘编辑”工具栏中的“圆心和点”按钮 的右侧按钮 中的 来构建圆。

使用“3 相切”命令时需要先给出 3 个参考图元，草绘的圆必须与这 3 个图元有相切关系。

(2) 通过长轴端点绘制椭圆。

① 在菜单栏中选择“草绘”—“圆”—“轴端点椭圆”命令或单击“草绘编辑”工具栏中的“圆心和点”按钮的右侧按钮中的“轴端点椭圆”按钮。

② 在绘图区中选取一点作为椭圆的一个长轴端点，再选取另一点作为长轴的另一个端点，此时出现一条直线，向其他方向拖动鼠标绘制椭圆。

③ 将椭圆拉至所需形状，单击即可，单击中键退出。

(3) 通过中心和轴绘制椭圆。

① 在菜单栏中选择“草绘”—“圆”—“轴端点椭圆”命令或单击“草绘编辑”工具栏中的“圆心和点”按钮的右侧按钮中的“中心和轴椭圆”按钮。

② 在绘图区中选取一点作为椭圆的中心点，再选取另一点作为长轴的端点，此时出现一条关于中心点对称的直线，向其他方向拖动鼠标绘制椭圆。

③ 移动光标确定椭圆的短轴长度，单击即可，单击中键退出。椭圆的中心点相当于圆心，可以作为尺寸和约束参照，椭圆的轴可以任意倾斜。

4) 圆弧

(1) 圆弧。

在菜单栏中选择“草绘”—“弧”—“3 点/相切端、同心、圆心和端点、3 相切”命令或通过“草绘编辑”工具栏中的“3 点/相切端”按钮的右侧按钮中的来构建圆弧。

使用“3 相切”命令时需要先给出 3 个参考图元，草绘的圆弧必须与这 3 个图元有相切关系。在第一个参照上选取一点作为圆弧的起点，在第二个参照上选取一点作为圆弧终点，在第三个参照上选取一点作为第三点完成圆弧，单击中键退出。

(2) 圆锥弧。

① 在菜单栏中选择“草绘”—“弧”—“圆锥”命令或单击“草绘编辑”工

具栏中的“圆心和点”按钮 的右侧按钮 中的“圆锥”按钮 。

② 选取圆锥的起点。

③ 选取圆锥的终点，这时出现一条连接两点的参考线和一段呈橡皮筋状的圆锥，如图 3－17 所示。

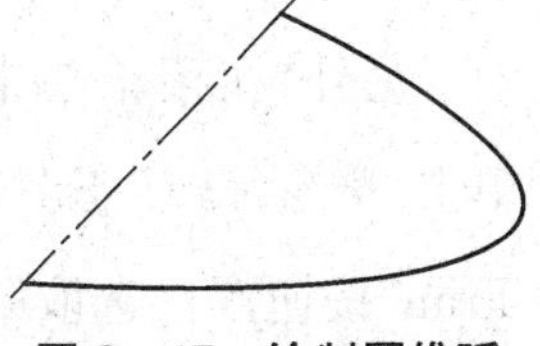

图 3－17 绘制圆锥弧

④ 移动光标，圆锥随之发生变化，单击拾取轴肩位置完成圆锥弧绘制，单击中键退出。

5）圆角

使用“圆角”命令可在任意两个图元之间绘制一个圆角，圆角的大小和位置取决于选取位置。当在两个图元之间插入一个圆角时，系统将自动在圆角相切点处分割两个图元。如果在两条非平行线之间添加圆角，则这两条直线将自动修剪出圆角。如果在任何其他图元之间添加圆角，则必须手工删除剩余的段。平行线、一条中心线和另一个图元不能绘制圆角。

具体步骤：在菜单栏中选择“草绘”—“圆角”—“圆形”命令或单击“草绘编辑”工具栏中的“圆形”按钮 的右侧按钮 中的“圆形”按钮 。选取第一个和第二个图元，系统将选取距离两条直线交点最近的点绘制一个圆角，并进行修剪。

同理，在菜单栏中选择“草绘”—“圆角”—“椭圆形”命令或单击“草绘编辑”工具栏中的“圆形”按钮 的右侧按钮 中的“椭圆形”按钮 。选取第一个和第二个图元，系统将选取距离两条直线交点最近的点绘制一个椭圆圆角，并进行修剪。

6）倒斜角

使用“Chamfer”命令可在任意两个图元之间绘制一个斜角，斜角的大小和位置取决于选取位置。平行线、一条中心线和另一个图元不能绘制圆角。

具体步骤：在菜单栏中选择“草绘”—“Chamfer”—“Chamfer”命令或单击“草绘编辑”工具栏中的“Chamfer”按钮 的右侧按钮 中的“Chamfer”

按钮。选取第一个和第二个图元,系统将选取距离两条直线交点最近的点绘制一个斜角。

另外,在菜单栏中选择"草绘"—"Chamfer"—"Chamfer Trim"命令或单击"草绘编辑"工具栏中的"圆形"按钮的右侧按钮中的"Chamfer Trim"按钮。选取第一个和第二个图元,系统将选取距离两条直线交点最近的点绘制一个斜角,并进行修剪。

7) 样条曲线

样条曲线是通过任意中间点的平滑曲线。具体步骤:在菜单栏中选择"草绘"—"样条"命令或单击"草绘编辑"工具栏中的"样条"按钮。在绘图区选取一个起点,一条橡皮筋状的样条附着在光标上出现。选取下一个点,将出现一段样条曲线,并随光标出现一条新的橡皮筋状的样条曲线,逐步添加其他样条点,直至完成,单击中键退出。

8) 标注草图尺寸

在草绘过程中系统将自动标注尺寸,这些尺寸被称为弱尺寸,因此系统在创建或删除它们时并不给予警告,弱尺寸显示为灰色。

用户也可以自己添加尺寸来创建所需的标注形式。用户尺寸被系统默认为是强尺寸,添加强尺寸时系统将自动删除不必要的弱尺寸和约束。

(1) 标注线性尺寸。

在菜单栏中选择"草绘"—"尺寸"—"垂直"命令或单击"草绘编辑"工具栏中的"法向"按钮的右侧按钮中的"垂直"按钮,可以标注尺寸。

① 直线长度。单击"草绘编辑"工具栏中的"法向"按钮的右侧按钮中的"垂直"按钮,选取线(或分别单击该线段的两个端点),然后单击中键以确定尺寸放置位置,如图 3-18(a)所示。

② 两条平行线间距离。单击"草绘编辑"工具栏中的"法向"按钮的右侧按钮中的"垂直"按钮,选取两条平行线,然后单击中键放置尺寸,如图 3-18(b)所示。

③ 点到直线距离。单击“草绘编辑”工具栏中的“法向”按钮 的右侧按钮 中的“垂直”按钮 ，选取点和直线，然后单击中键放置尺寸，如图 3-18(c)所示。

④ 两点间距离。单击“草绘编辑”工具栏中的“法向”按钮 的右侧按钮 中的“垂直”按钮 ，依次选取两点，然后单击中键放置尺寸，如图 3-18(d)所示。

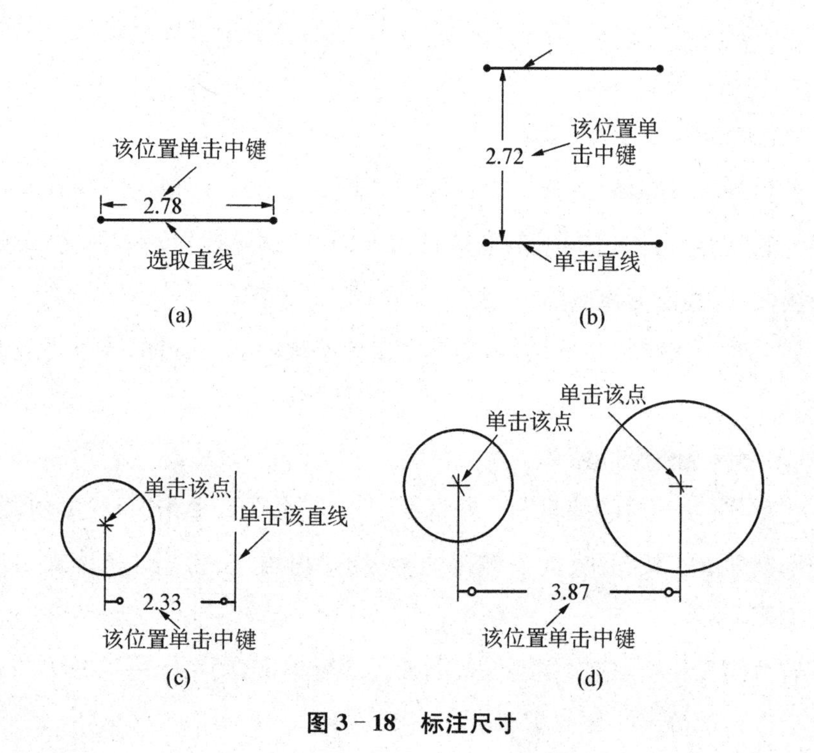

图 3-18　标注尺寸

(2) 标注角度尺寸。

单击“草绘编辑”工具栏中的“法向”按钮 的右侧按钮 中的“垂直”按钮 ，依次选取两条直线，然后单击中键选择尺寸放置位置，即可标注角度尺寸。

如果要标注一段圆弧的角度尺寸，须先选取圆弧的两个端点，然后选取该圆弧，最后单击中键放置该尺寸。

(3) 标注直径尺寸。

单击“草绘编辑”工具栏中的“法向”按钮 的右侧按钮 中的“垂直”按钮 ,然后在需要标注尺寸的圆弧或圆上双击,再单击中键放置该尺寸即可。

如果要标注旋转截面的直径尺寸,可单击“草绘编辑”工具栏中的“法向”按钮 的右侧按钮 中的“垂直”按钮 ,先选取图元,再选取作为旋转轴的中心线,然后再次选取先前的图元,最后单击中键放置该尺寸即可。

9) 修剪与分割

(1) 删除段。

在菜单栏中选择“编辑”—“修剪”—“删除段”命令或单击“草绘编辑”工具栏中的“删除段”按钮 的右侧按钮 中的“删除段”按钮 ,单击要删除的线段,该线段即被删除。

如果要一次删除多个线段,则按住鼠标左键,光标划过的线段将被全部删除。

(2) 相互修剪图元。

在菜单栏中选择“编辑”—“修剪”—“拐角”命令或单击“草绘编辑”工具栏中的“删除段”按钮 的右侧按钮 中的“拐角”按钮 ,系统提示选取修剪的图元。

若两图元相交,依次在要保留的图元部分单击,则系统将这两个图元相交之后保留部分另一侧修剪,如图 3-19 所示。

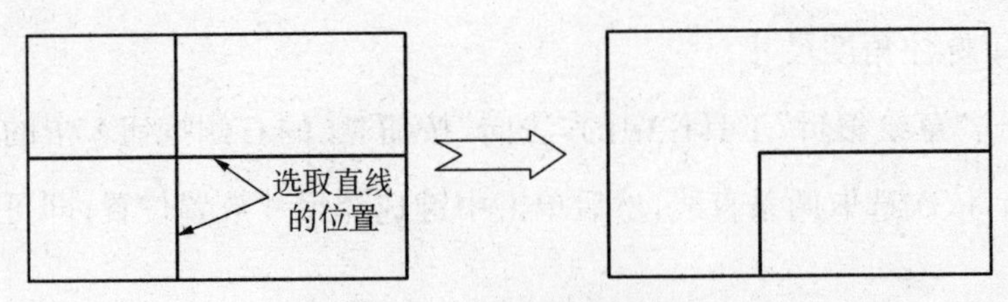

图 3-19 修剪相交图元

若两图元不相交,应用“拐角”命令后,依次单击两图元,系统会将两图元自动延伸至相交，多余部分进行修剪，如图3－20所示。

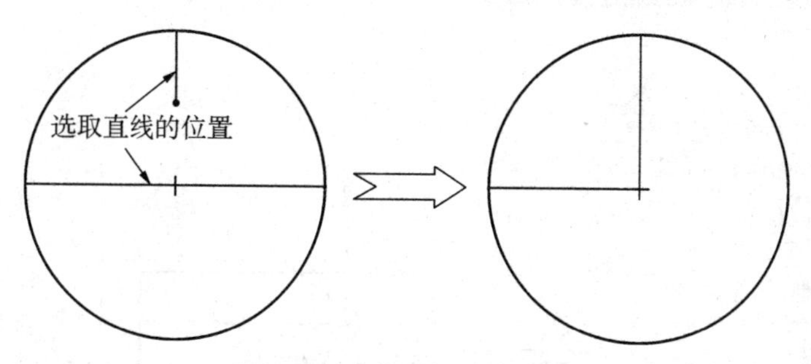

图3－20　修剪不相交图元

（3）分割图元。

在菜单栏中选择“编辑”—“修剪”—“分割”命令或单击“草绘编辑”工具栏中的“删除段”按钮的右侧按钮中的“分割”按钮，在要分割的位置单击，分割点显示为图元上高亮显示的点，单击中键系统将在指定位置分割图元。

10）编辑草图

（1）镜像。

使用“镜像”命令时，必须先绘制一条中心线，再选取要镜像的图元（按住〈CTRL〉键可以多选），在菜单栏中选择“编辑”—“镜像”命令或单击“草绘编辑”工具栏中的“镜像”按钮的右侧按钮中的“镜像”按钮，然后根据提示选取先前绘制的中心线，系统会将所选取的图元按照中心线镜像。

（2）缩放与旋转。

在菜单栏中选择“编辑”—“移动和调整大小”命令或单击“草绘编辑”工具栏中的“镜像”按钮的右侧按钮中的“移动和调整大小”按钮，打开“移动和调整大小”对话框，同时图元上出现缩放、旋转和平移图柄，如图3－21所示。

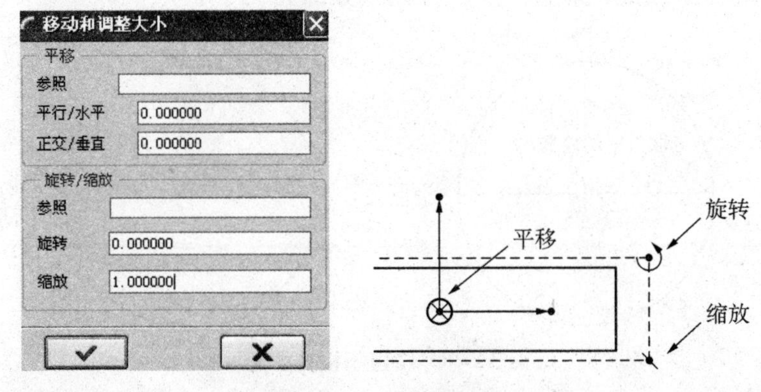

图 3-21　缩放与旋转

3.4.4 实例操作

绘制如图 3-22 所示的草图。

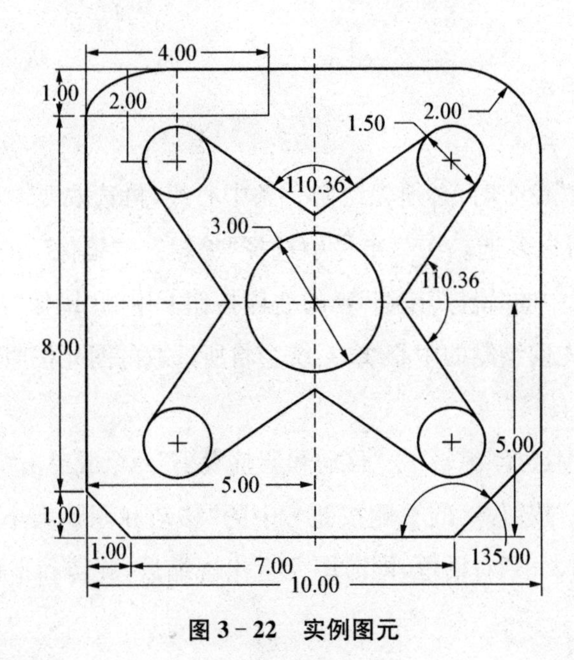

图 3-22　实例图元

(1) 新建文件。

双击桌面上的快捷方式图标，打开 Pro/ENGINEER Wildfire 5.0

工作界面。在菜单栏中选择“文件”—“新建”命令或直接单击工具栏中“新建”按钮 ，系统打开“新建”对话框，在“类型”选项组中点选“草绘”单选项，并在“名称”文本框中输入“shili”，系统会自动添加.sec，单击“确定”按钮进入草绘界面。

(2) 绘制水平和竖直中心线。

在菜单栏中选择“草绘”—“线”—“中心线”命令，或单击“草绘编辑”工具栏中的“线”按钮 的右侧按钮 中的“中心线”按钮 。在绘图区单击以确定水平中心线上的一点，移动光标，当中心线受到水平约束时(绘图区出现“H”字样)，中心线自动变成水平，单击以确定中心线的另一点，完成水平中心线的绘制。采用同样的方法绘制竖直中心线，绘图区出现“V”字样时，单击生成竖直中心线，单击中键退出绘制中心线命令。

(3) 以中心线交点为中心绘制圆和正方形。

在菜单栏中选择“草绘”—“圆”—“圆心和点”命令或通过“草绘编辑”工具栏中的“圆心和点”按钮 的右侧按钮 中的 ，捕捉两条中心线的交点，单击该点以确定圆心，在目标位置单击左键完成绘制圆，单击中键退出绘制圆命令，系统将自动标注圆的直径尺寸。将光标移动至直径尺寸值上，尺寸值颜色变化，双击鼠标，弹出直径值，修改数值为3，回车，完成圆的直径修改，结果如图3-23所示。

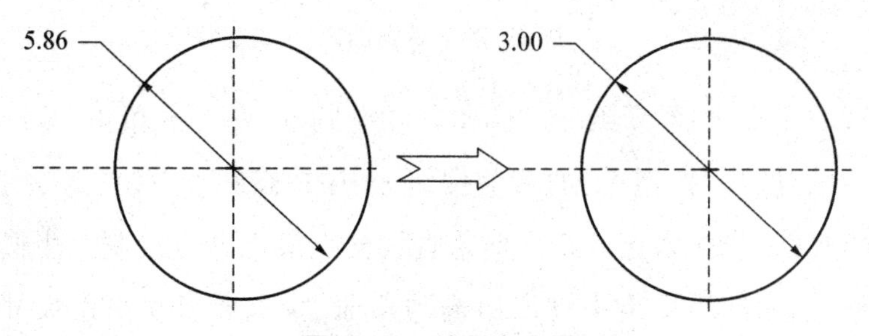

图3-23 绘制中心园

在菜单栏中选择“草绘”—“矩形”—“矩形”命令，或单击“草绘编辑”工具栏中的“矩形”按钮 的右侧按钮 中的“矩形”按钮 。以两条中心线的交点为中心，绘制矩形，完成后单击中键退出，系统自动给出尺寸，同样将光标移动至尺寸值双击可以对尺寸进行修改，结果如图 3 - 24 所示。

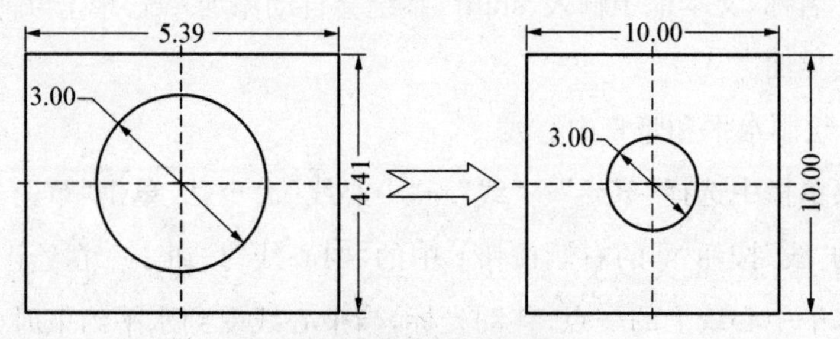

图 3 - 24 绘制矩形

(4) 对正方形上半部分倒圆角。

在菜单栏中选择“草绘”—“圆角”—“圆形”命令或单击“草绘编辑”工具栏中的“圆形”按钮的右侧按钮中的“圆形”按钮。选取左上角两条直线，系统将选取距离两条直线交点最近的点绘制一个圆角，并进行修剪，完成后单击中键退出圆角命令，系统自动给出圆角半径值，将光标移动至半径尺寸值双击可以对尺寸进行修改，结果如图 3 - 25 所示。

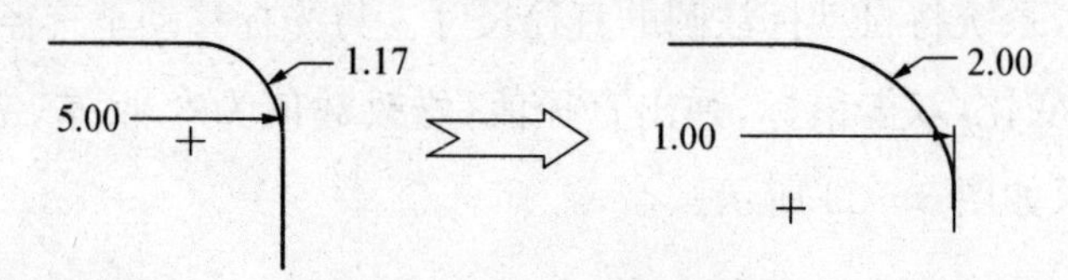

图 3 - 25 绘制圆角

在菜单栏中选择“草绘”—“圆角”—“椭圆形”命令或单击“草绘编辑”工具栏中的“圆形”按钮的右侧按钮中的“椭圆形”按钮。选取右上角两条直线，系统将选取距离两条直线交点最近的点绘制一个椭圆角，并进行修剪，完成后单击中键退出椭圆角命令，系统自动给出尺寸值，将光标移动至椭圆角尺寸值双击可以对尺寸进行修改，结果如图 3 - 26 所示。

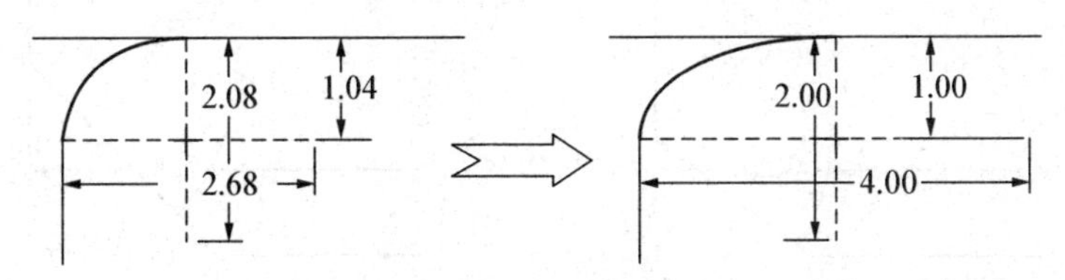

图 3－26　绘制椭圆角

（5）对正方形下半部分倒斜边。

在菜单栏中选择“草绘”—“Chamfer”—“Chamfer”命令或单击“草绘编辑”工具栏中的“Chamfer”按钮 的右侧按钮 中的“Chamfer”按钮 。选取左下角两条直线，系统将选取距离两条直线交点最近的点绘制一个斜角，完成后单击中键退出“Chamfer”命令，系统自动给出尺寸值，将光标移动至尺寸值双击可以对尺寸进行修改，将“0.91”改为“1.00”，将“1.32”改为“1.00”，结果如图 3－27 所示。

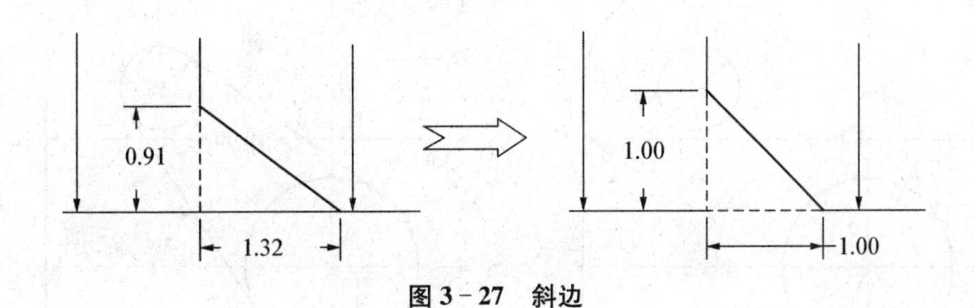

图 3－27　斜边

另外，在菜单栏中选择“草绘”—“Chamfer”—“Chamfer Trim”命令或单击“草绘编辑”工具栏中的“圆形”按钮 的右侧按钮 中的“Chamfer Trim”按钮 。选取右下角两条直线，系统将选取距离两条直线交点最近的点绘制一个斜角，并进行修剪，完成后单击中键退出“Chamfer”命令，系统自动给出尺寸值，将光标移动至尺寸值双击可以对尺寸进行修改，结果如图 3－28 所示。

（6）绘制第一象限内的圆以及两条相切直线。

在菜单栏中选择“草绘”—“圆”—“圆心和点”命令或通过“草绘编辑”工

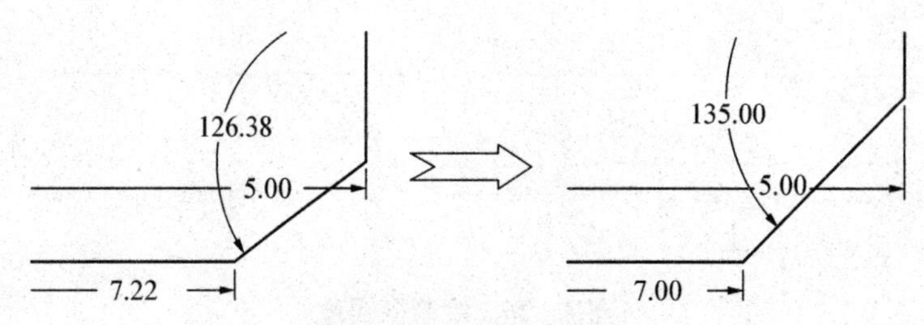

图 3-28　斜边(修剪)

具栏中的“圆心和点”按钮的右侧按钮中的，捕捉左上角倒圆角的圆心，单击该点以确定圆心，在目标位置单击左键完成绘制圆，单击中键退出绘制圆命令，系统将自动标注圆的直径尺寸。将光标移动至直径尺寸值上，尺寸值颜色变化，双击鼠标，弹出直径值，修改数值为 1.5，回车，完成圆的直径修改，结果如图 3-29 所示。

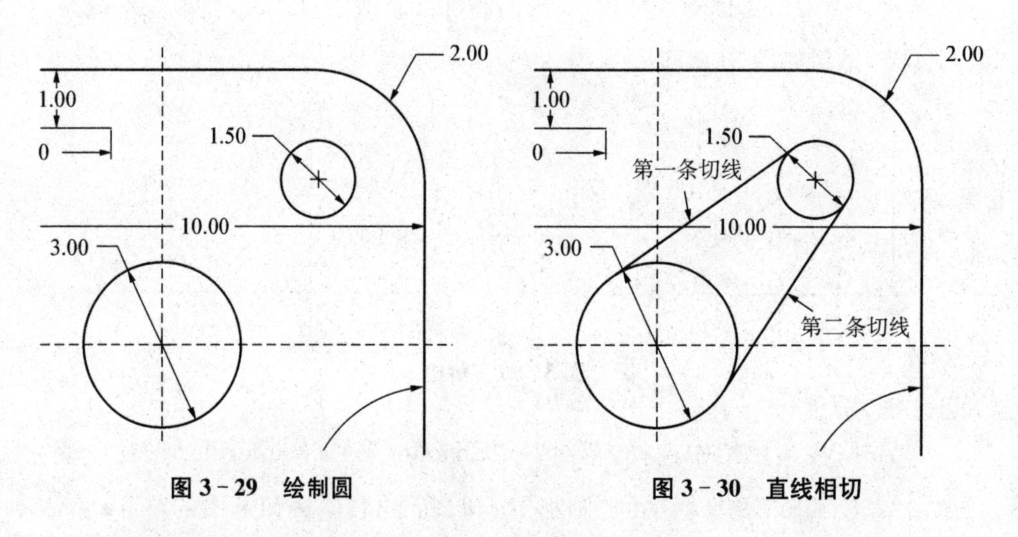

图 3-29　绘制圆　　图 3-30　直线相切

在菜单栏中选择“草绘”—“线”—“直线相切”，或单击“草绘编辑”工具栏中“线”按钮右侧按钮，找到“直线相切”按钮。先在 $\phi1.5$ 的圆上选取一个起点，然后在 $\phi3$ 的圆上选取一个终点，单击中键退出，生成第一条切线，再重复操作一次，生成第二条切线，结果如图 3-30 所示。

(7) 镜像。

按住〈CTRL〉键依次选取步骤(6)中的两条切线和 $\phi1.5$ 的圆，在菜单栏中选择“编辑”—“镜像”命令或单击“草绘编辑”工具栏中的“镜像”按钮 的右侧按钮 中的“镜像”按钮 ，根据提示选取先前绘制的水平中心线，系统会将所选取的图元按照中心线镜像，结果如图 3-31 所示。

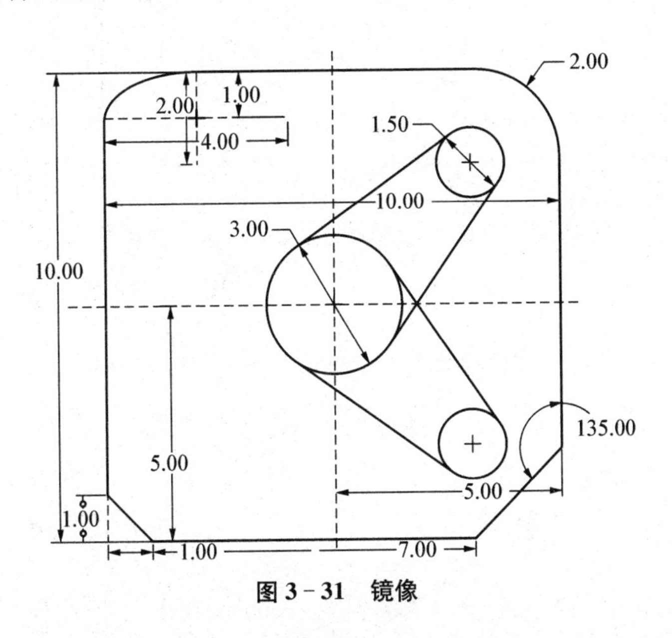

图 3-31　镜像

按住〈CTRL〉键依次选取 4 条切线和两个 $\phi 1.5$ 的圆，在菜单栏中选择“编辑”—“镜像”命令或单击“草绘编辑”工具栏中的“镜像”按钮 的右侧按钮 中的“镜像”按钮 ，根据提示选取先前绘制的竖直中心线，系统会将所选取的图元按照中心线镜像，结果如图 3-32 所示。

(8) 修剪。

在菜单栏中选择“编辑”—“修剪”—“删除段”命令或单击“草绘编辑”工具栏中的“删除段”按钮 的右侧按钮 中的“删除段”按钮 ，依次单击要删除的线段，该线段即被删除，完成后如图 3-33 所示。

3.5　特征建模

在 Pro/ENGINEER 中，零件实体特征可分为基本实体特征、工程特征

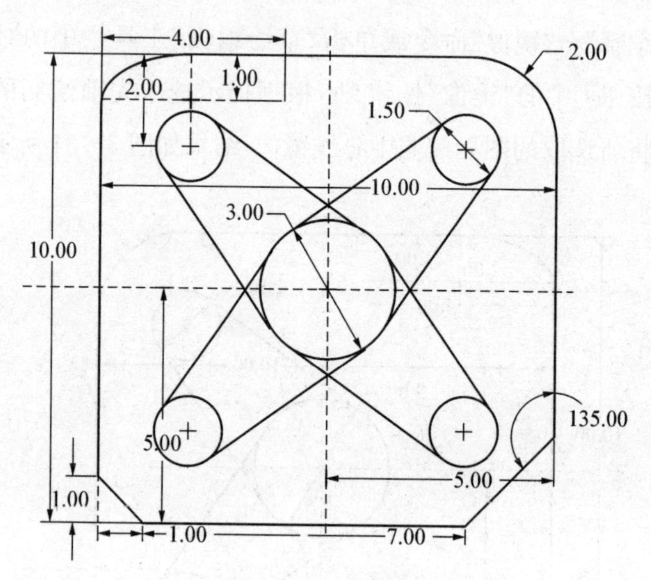

图 3-32　镜像

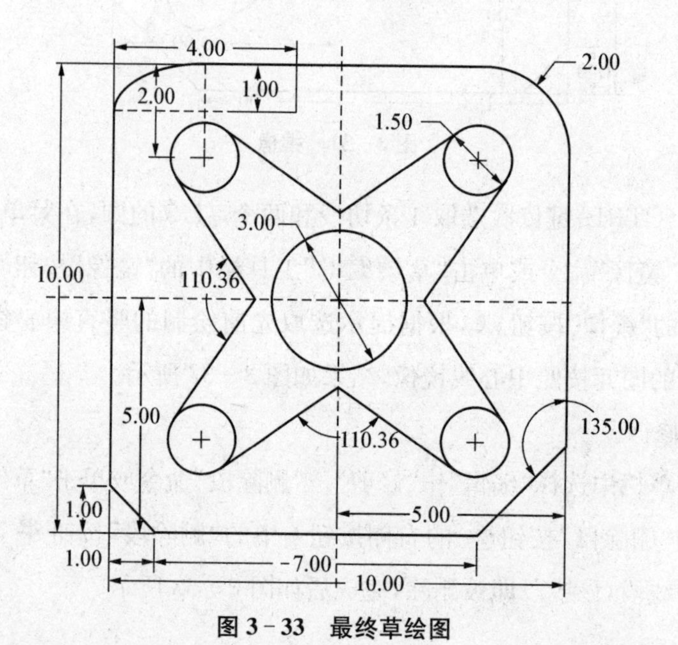

图 3-33　最终草绘图

和高级实体特征。其中，基本实体特征包括拉伸特征、旋转特征、扫描特征、混合特征；工程特征包括孔特征、倒圆角特征、边倒角特征、抽壳特征、筋特征以及拔模特征；高级特征包括扫描混合特征、旋转扫描特征、可变截面扫描特征。在此,着重介绍特征中的拉伸、旋转和扫描3个特征命令。

3.5.1　拉伸特征

拉伸是定义三维几何特征的一种基本方法,它是将二维截面延伸到垂直于草绘平面的指定距离处进行拉伸生成实体。

1)"拉伸"操控面板选项

(1)"拉伸"操控面板。

在菜单栏中选择"插入"—"拉伸"命令或单击"基准特征"工具栏中的"拉伸"按钮,打开"拉伸"面板,如图3-34所示。

图3-34　"拉伸"面板1

- :"实体"按钮,创建拉伸实体。
- :"曲面"按钮,创建拉伸曲面。
- :"深度"按钮,约束拉伸特征的深度。
- 216.51 :"深度"文本框,给定拉伸的深度数值。
- :"反向"按钮,设定相对于草绘平面的拉伸方向。
- :"去除材料"按钮,用于切换拉伸类型"切口"或"伸长"。
- :"加厚草绘"按钮,用于为截面轮廓指定厚度创建特征。
- 8.66 :"厚度"文本框,用于"加厚草绘"中改变添加厚度的方向以及厚度值。

(2)下滑面板。

"拉伸"操控面板中包含"放置"、"选项"和"属性"3个下滑面板,如图3-35所示。

- "放置":用于重定义特征截面。单击"定义"按钮可创建或更改截面。

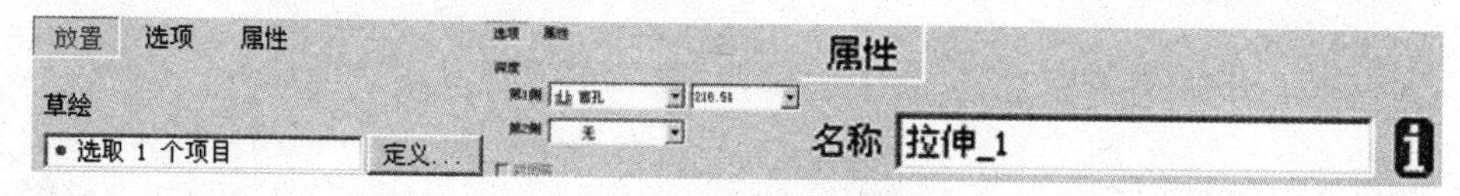

图 3－35　下滑面板

- “选项”：用于重定义草绘平面每一侧的特征深度以及孔的类型（如盲孔、通孔），还可以通过选择“封闭端”来用封闭端创建曲面特征。
- “属性”：用于编辑特征名称。

(3) 拉伸深度选项。

- ：“指定”按钮，从草绘平面指定深度值拉伸截面。
- ：“对称”按钮，在给定的方向上以指定深度值的一半拉伸草绘平面的两侧。
- ：“到选定的”按钮，将截面拉伸到一个选定点、曲线、平面或曲面。

2) 创建拉伸特征步骤

(1) 双击桌面上的快捷方式图标，打开 Pro/ENGINEER Wildfire 5.0 工作界面。在菜单栏中选择“文件”—“新建”命令或直接单击工具栏中“新建”按钮，系统打开“新建”对话框，在“类型”选项组中点选“零件”单选项，在“子类型”选项组中点选“实体”单选项，使用缺省模板，并在“名称”文本框中输入“lashen1”，系统会自动添加.prt，单击“确定”按钮进入实体零件界面。

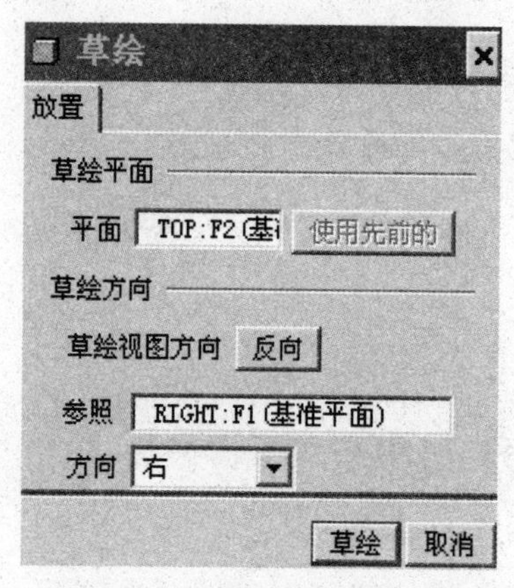

图 3－36　草绘平面对话框

(2) 在菜单栏中选择“插入”—“拉伸”命令或单击“基准特征”工具栏中的“拉伸”按钮，打开“拉伸”面板。

(3) 单击“基准特征”工具栏中的“草绘”按钮，系统打开“草绘”对话框，选取 TOP 基准平面作为草绘平面，其余选项接受系统默认设置，如图3－36所示，单击“草绘”按钮，进入草绘界面。

(4) 在菜单栏中选择“草绘”—“圆”—“圆心和点”命令或通过“草绘编辑”工具栏中的“圆心和点”按钮的右侧按钮中的，捕捉两条参照线的交点，单击该点以确定圆心，在目标位置单击左键完成绘制圆，单击中键退出绘制圆命令，系统将自动标注圆的直径尺寸。将光标移动至直径尺寸值上，尺寸值颜色变化，双击鼠标，弹出直径值，修改数值为 100，回车，完成圆的直径修改，结果如图 3－37 所示，单击“草绘编辑”工具栏中的“完成”退出草绘环境。

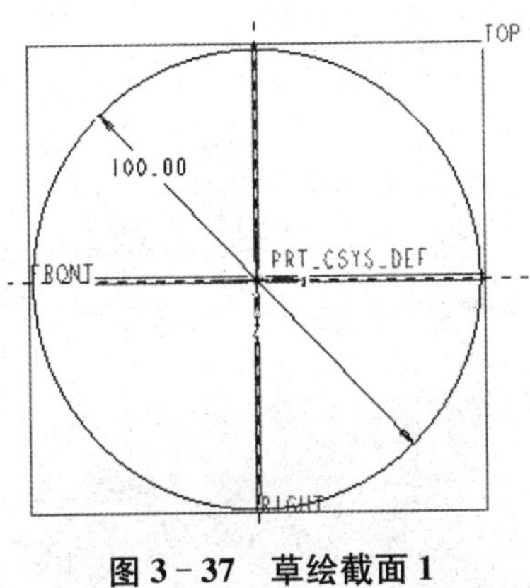

图 3－37　草绘截面 1

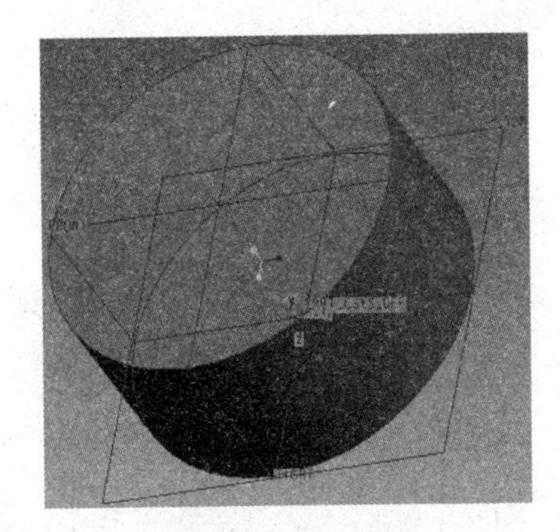

图 3－38　lashen1

(5) 单击“拉伸”面板中的“退出暂停模式”按钮，选择拉伸深度选项中的“指定值”按钮(从草绘平面指定深度值拉伸截面)，在拉伸深度文本框中填入 50，单击“应用并保存”按钮，结果如图 3－38 所示。

3) 修改特征操作

(1) 变换外形。

将模型 lashen1 的圆柱体改为正方体的操作步骤：找到模型树(见图 3－39)，单击“拉伸 1”前面的“＋”号，右击“草绘 1”找到“编辑定义”并单击，进入草绘界面。将 ϕ100 的圆删除，在菜单栏中选择“草绘”—“矩形”—“矩形”命令，或单击“草绘编辑”工具栏中的“矩形”按钮的右侧按钮中的“矩形”按钮。以两条参照线的交点为中心，绘制矩形，完成后单击中键退出，系统自动给出尺寸，同样将光标移动至尺寸值双击可以对尺寸进行修改，结果如图 3 - 40 所示，单击“草绘编辑”工具栏中的“完成”✔退出草绘环境，最终结果如图 3 - 41 所示。

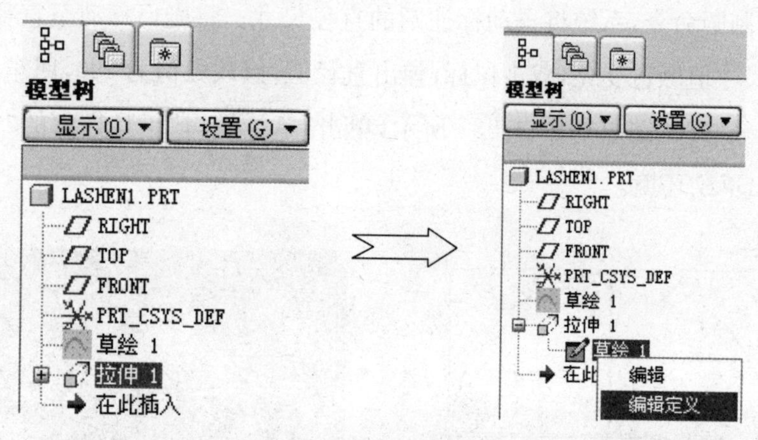

图 3 - 39　模型树 1

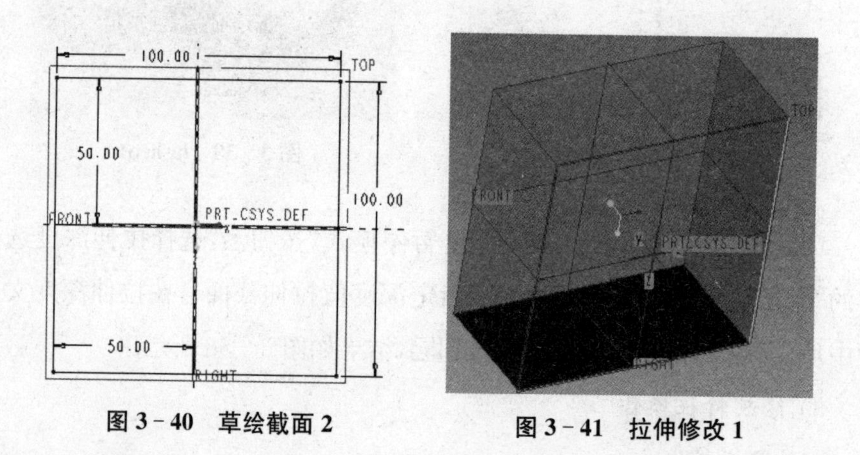

图 3 - 40　草绘截面 2

图 3 - 41　拉伸修改 1

(2) 去除材料。

① 单击模型树中的“在此插入”，在菜单栏中选择“插入”—“拉伸”命令或单击“基准特征”工具栏中的“拉伸”按钮，打开“拉伸”面板。

② 单击“基准特征”工具栏中的“草绘”按钮，系统打开“草绘”对话框，选取“拉伸 1”的上表面(曲面 F5)作为草绘平面，其余选项接受系统默认

设置，如图3-42所示，单击“草绘”按钮，进入草绘界面。

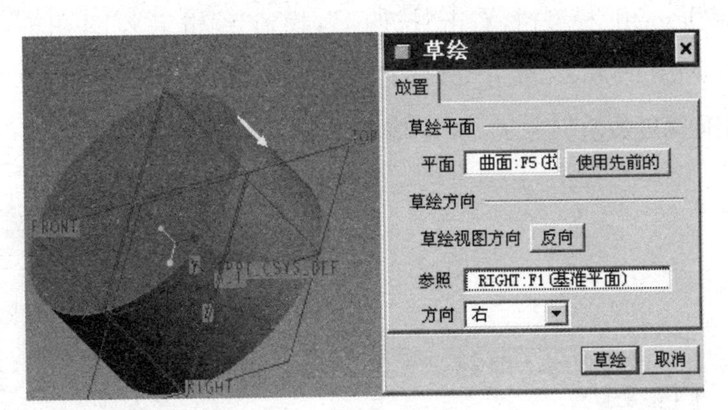

图3-42　草绘界面

③ 在“工具栏”中单击“消隐”按钮，在菜单栏中选择“草绘”—“圆”—“圆心和点”命令或通过“草绘编辑”工具栏中的“圆心和点”按钮的右侧按钮中的，捕捉两条参照线的交点，单击该点以确定圆心，在目标位置单击左键完成绘制圆，单击中键退出绘制圆命令，系统将自动标注圆的直径尺寸。将光标移动至直径尺寸值上，尺寸值颜色变化，双击鼠标，弹出直径值，修改数值为50，回车，完成圆的直径修改，单击“草绘编辑”工具栏中的“完成”退出草绘环境。

④ 在“工具栏”中单击“着色”按钮，结果如图3-43所示。在“拉伸”面板中将拉伸深度数值改为50，并单击“反向”按钮，再单击“去除材料”按钮，单击“应用并保存”按钮，结果如图3-44所示。

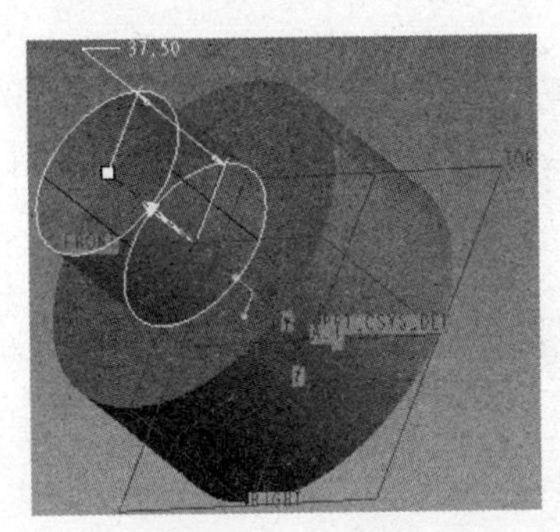

图3-43　着色

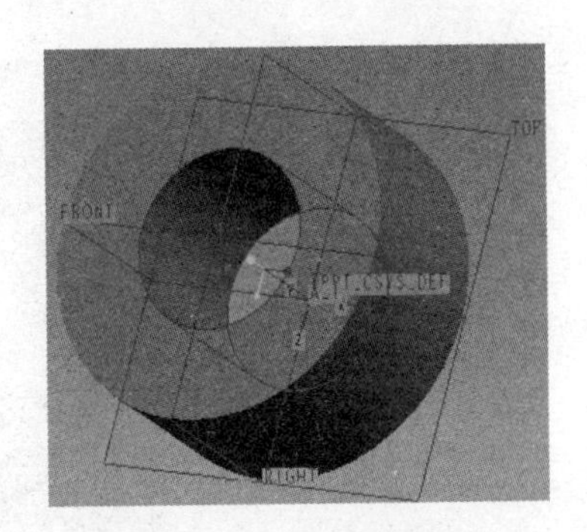

图3-44　拉伸修改2

(3) 修改拉伸深度选项。

找到"lashen1"模型树，右击"拉伸 1"，找到"编辑定义"并单击，出现"拉伸"面板(见图 3-45)。单击的右侧按钮，在下拉工具中选择"对称"按钮，拉伸深度数值仍为 50，单击"应用并保存"按钮，结果如图 3-46 所示。

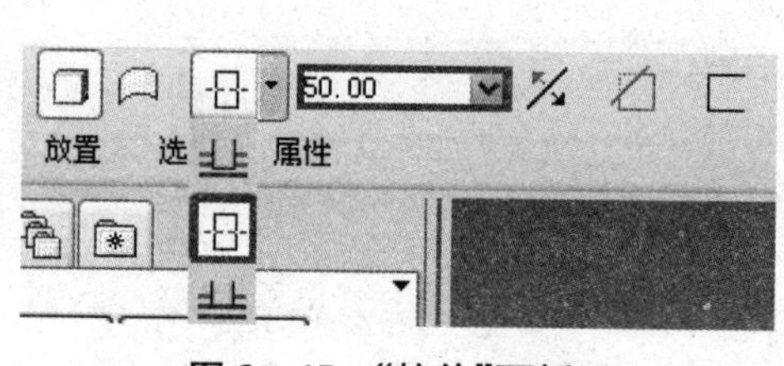

图 3-45 "拉伸"面板 2

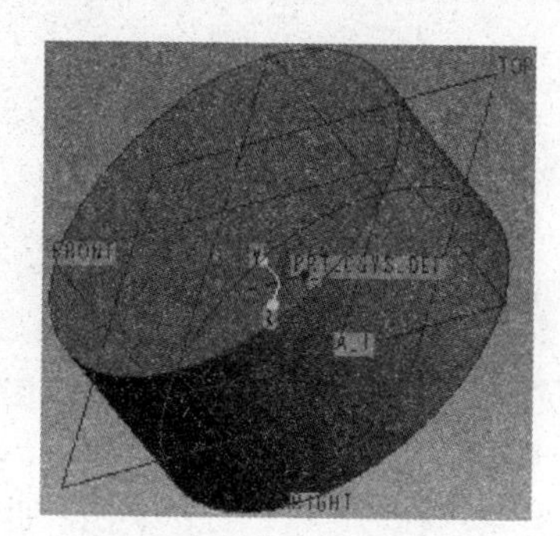

图 3-46 拉伸修改 3

(4) 加厚。

找到"lashen1"模型树，右击"拉伸 1"，找到"编辑定义"并单击，出现"拉伸"面板，拉伸深度仍是 50，单击"加厚草绘"按钮，并在其后的文本框中输入数值"5"，参数设置如图 3-47 所示，单击"应用并保存"按钮，结果如图 3-48 所示。

图 3-47 "拉伸"面板 3

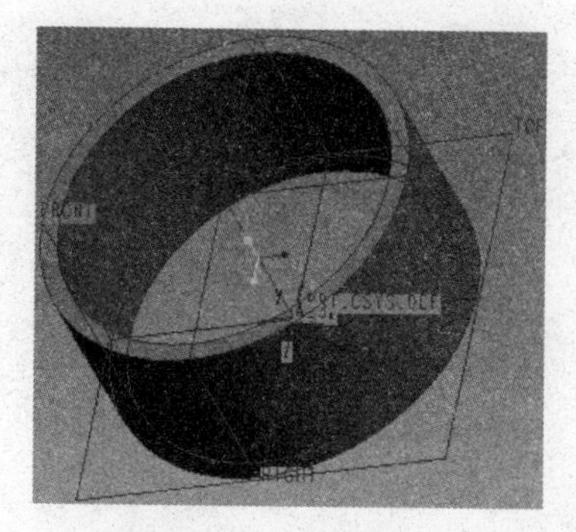

图 3-48 拉伸修改 4

还可以单击“加厚草绘”按钮文本框后面的“反向”按钮，改变加厚的方向。

4）实例

本实例创建的模型如图3-49所示。

图3-49　实例模型

(1) 双击桌面上图标，打开Pro/ENGINEER Wildfire 5.0工作界面。在菜单栏中选择“文件”—“新建”命令或直接单击工具栏中“新建”按钮，系统打开“新建”对话框，在“类型”选项组中点选“零件”单选项，在“子类型”选项组中点选“实体”单选项，使用缺省模板，并在“名称”文本框中输入“lashen”，系统会自动添加.prt，单击“确定”按钮进入实体零件界面。

(2) 在菜单栏中选择“插入”—“拉伸”命令或单击“基准特征”工具栏中的“拉伸”按钮，打开“拉伸”面板。单击“基准特征”工具栏中的“草绘”按钮，系统打开“草绘”对话框，选取TOP基准平面作为草绘平面，其余选项接受系统默认设置，单击“草绘”按钮，进入草绘界面。在菜单栏中选择“草绘”—“圆”—“圆心和点”命令或通过“草绘编辑”工具栏中的“圆心和点”按钮的右侧按钮中的，捕捉两条参照线的交点，单击该点以确定圆心，在目标位置单击左键完成绘制圆，单击中键退出绘制圆命令，修改圆直径为35，回车，单击“草绘编辑”工具栏中的“完成”退出草绘环境。单击“拉伸”面板中的“退出暂停模式”按钮，选择拉伸深度选项中的“指定值”按钮(从草绘平面指定深度值拉伸截面)，在拉伸深度文本框中填入3，

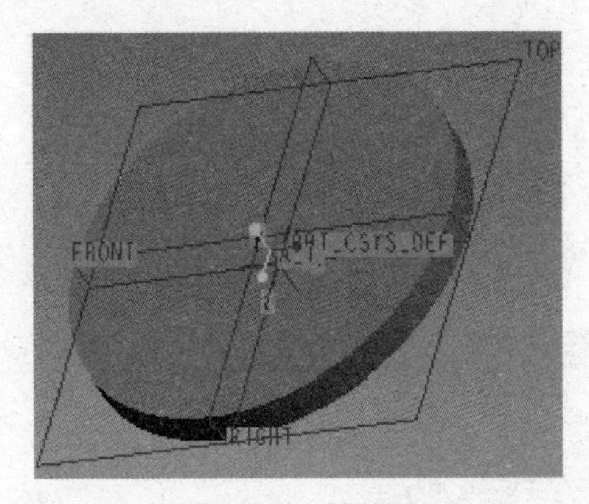

图 3-50　拉伸 1

单击“应用并保存”按钮☑，结果如图 3-50 所示。

(3) 单击模型树中的“在此插入”，在菜单栏中选择“插入”—“拉伸”命令或单击“基准特征”工具栏中的“拉伸”按钮，打开“拉伸”面板。单击“基准特征”工具栏中的“草绘”按钮，系统打开“草绘”对话框，选取“拉伸 1”的上表面(曲面:F6)作为草绘平面，其余选项接受系统默认设置，单击“草绘”按钮，进入草绘界面。在“工具栏”中单击“消隐”按钮，在菜单栏中选择“草绘”—“圆”—“圆心和点”命令或通过“草绘编辑”工具栏中的“圆心和点”按钮的右侧按钮中的○，绘制两个圆并修改尺寸如图 3-51 所示，单击“草绘编辑”工具栏中的“完成”✔退出草绘环境。在“工具栏”中单击“着色”按钮，选择拉伸深度选项中的“指定值”按钮(从草绘平面指定深度值拉伸截面)，在拉伸深度文本框中填入 1，单击“应用并保存”按钮☑，结果如图 3-52 所示。

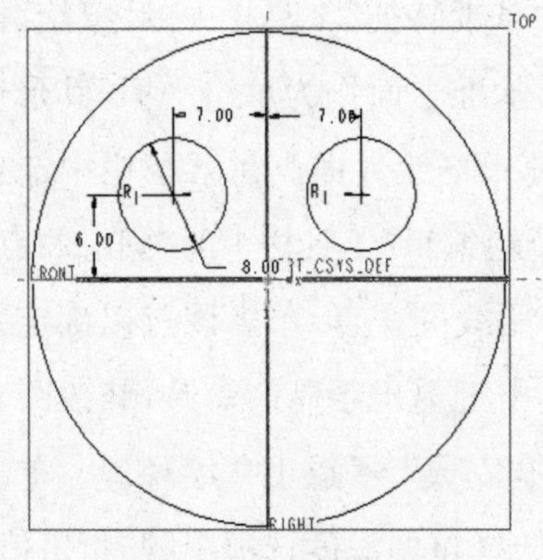

图 3-51　草绘截面 2

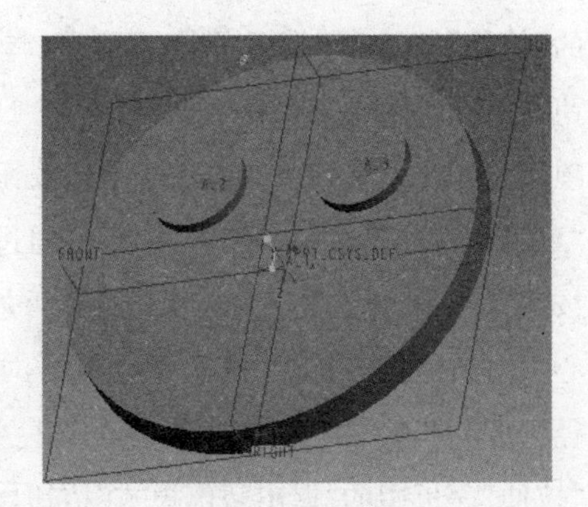

图 3-52　拉伸 2

(4) 在模型树(图3-53)中右击“拉伸1”,找到“编辑定义”并单击,出现“拉伸”面板。选择拉伸深度选项中的“指定值”按钮,在拉伸深度文本框中将3改为2,单击“应用并保存”按钮,结果如图3-54所示。

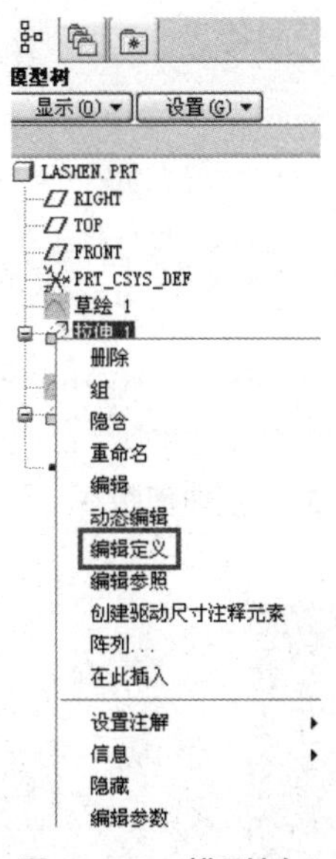

图3-53　模型树3

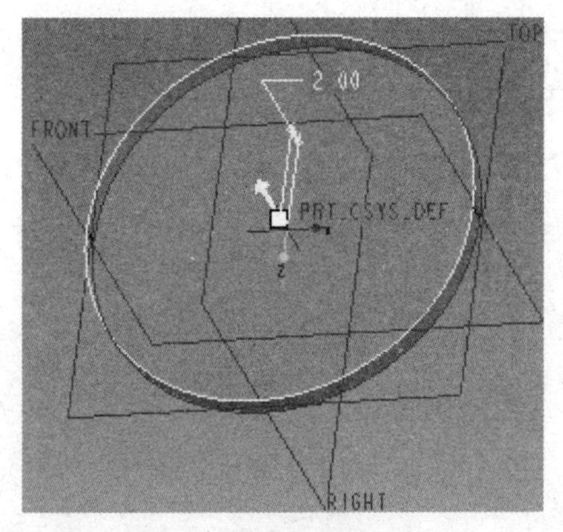

图3-54　拉伸1修改后

(5) 单击模型树中的“在此插入”,在菜单栏中选择“插入”—“拉伸”命令或单击“基准特征”工具栏中的“拉伸”按钮,打开“拉伸”面板。单击“基准特征”工具栏中的“草绘”按钮,系统打开“草绘”对话框,选取“拉伸1”的上表面(曲面:F6)作为草绘平面,其余选项接受系统默认设置,单击“草绘”按钮,进入草绘界面。在“工具栏”中单击“消隐”按钮,在菜单栏中选择“草绘”—“矩形”—“矩形”命令,或单击“草绘编辑”工具栏中的“矩形”按钮的右侧按钮中的,绘制一个矩形并修改尺寸如图3-55所示,单击“草绘编辑”工具栏中的“完成”退出草绘环境。在“工具栏”中单击“着色”按钮,选择拉伸深度选项中的“指定值”按钮,在拉伸深度文本框中填入1,并单击“反向”按钮,再单击“去除材料”按钮（见图 3－56），单击“应用并保存”按钮，结果如图3－57所示。

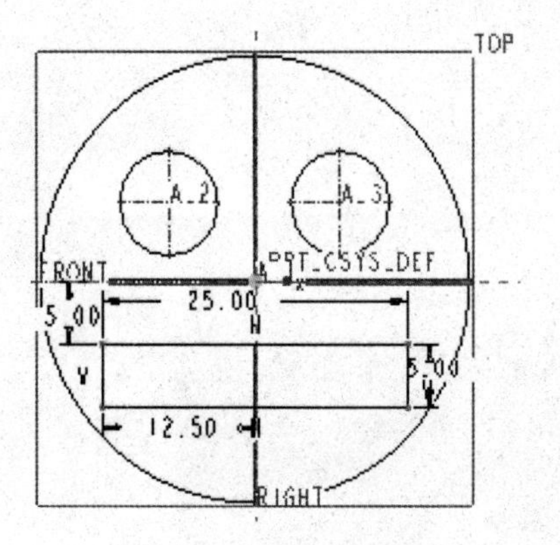

图 3－55　草绘截面 3

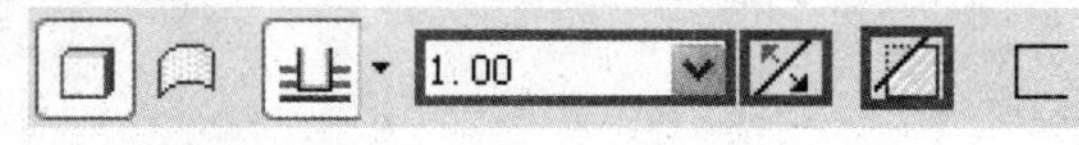

图 3－56　拉伸面板 3

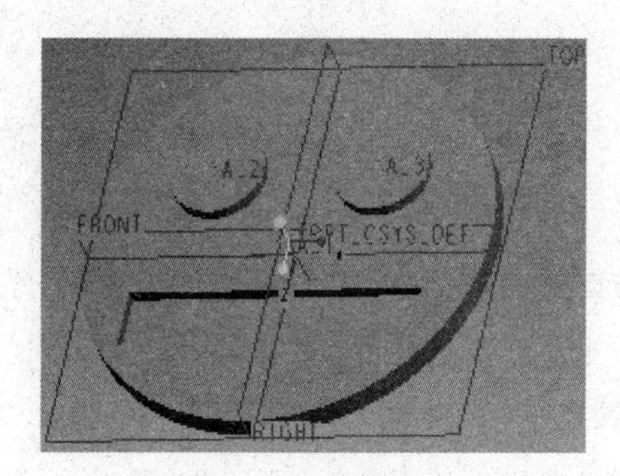

图 3－57　拉伸 3

(6) 在模型树中右击“拉伸 2”，找到“编辑定义”并单击，出现“拉伸”面板(见图 3－58)。单击“加厚草绘”按钮，并在其后的文本框中输入数值“1”，参数设置如图 3－58 所示，单击“应用并保存”按钮，结果如图 3－59所示。

图 3－58　拉伸面板 4

图 3 - 59　拉伸 4

3.5.2　旋转特征

旋转特征是将草绘截面绕定义的中心线旋转一定角度创建的特征，允许以实体或曲面的形式创建旋转几何特征、添加或去除材料。旋转截面需要旋转轴，此旋转轴既可以利用截面创建，也可以通过选取模型几何进行定义。

1)“旋转”操控面板选项

(1)“旋转”操控面板。

在菜单栏中选择“插入”—“旋转”命令或单击“基准特征”工具栏中的“旋转”按钮，打开“旋转”面板，如图 3 - 60 所示。

图 3 - 60　“旋转”面板

- ：“实体”按钮，创建旋转实体。
- ：“曲面”按钮，创建旋转曲面。
- ：“角度”按钮，约束特征的旋转角度。
- 216.51 ：“角度”文本框，给定旋转的角度数值。
- ：“反向”按钮，设定相对于草绘平面反向创建旋转。

● ："去除材料"按钮，使用旋转特征体积块创建切口。

● ："加厚草绘"按钮，用于为截面轮廓指定厚度创建旋转特征。

● ："厚度"文本框，用于"加厚草绘"中改变添加厚度的方向以及厚度值。

（2）下滑面板。

"旋转"操控面板中包含"放置"、"选项"和"属性"3个下滑面板，如图3－61所示。

图3－61　下滑面板

● "放置"：用于重定义草绘环境并指定旋转轴。单击"定义"按钮可创建或更改截面。在"轴"列表框中单击并根据系统提示定义旋转轴。

● "选项"：用于重定义草绘平面一侧或两侧的旋转角度以及孔的类型（如盲孔、通孔），还可以通过选择"封闭端"来创建曲面特征。

● "属性"：用于编辑特征名称。

（3）旋转角度选项。

● ："指定"按钮，从草绘平面指定角度值旋转截面。

● ："对称"按钮，在给定的方向上以指定角度值的一半旋转草绘平面的两侧。

● ："到选定的"按钮，将截面旋转到一个选定点、曲线、平面或曲面。

2）创建旋转特征步骤

（1）双击桌面上的快捷方式图标，打开如图3－1所示的Pro/ENGINEER Wildfire 5.0工作界面。在菜单栏中选择"文件"—"新建"命令或直接单击工具栏中"新建"按钮，系统打开"新建"对话框，如图3－2所示,在"类型"选项组中点选"零件"单选项,在"子类型"选项组中点选"实体"单选项,使用缺省模板,并在"名称"文本框中输入"xuanzhuan1",系统会自动添加.prt,单击"确定"按钮进入实体零件界面。

(2) 在菜单栏中选择"插入"—"旋转"命令或单击"基准特征"工具栏中的"旋转"按钮,打开"旋转"面板。

(3) 单击"基准特征"工具栏中的"草绘"按钮,系统打开"草绘"对话框,选取FRONT基准平面作为草绘平面,其余选项接受系统默认设置,如图3-62所示,单击"草绘"按钮,进入草绘界面。

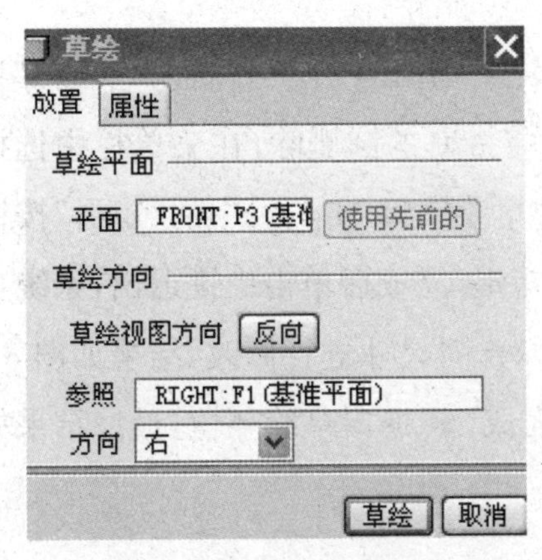

图3-62 草绘平面选择

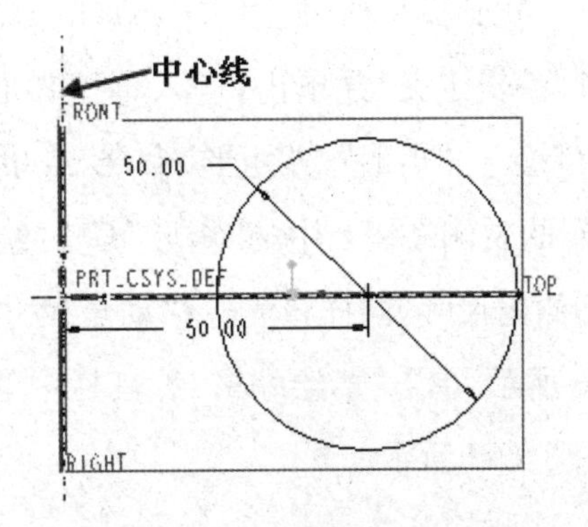

图3-63 旋转草绘截面

(4) 在菜单栏中选择"草绘"—"圆"—"圆心和点"命令或通过"草绘编辑"工具栏中的"圆心和点"按钮的右侧按钮中的,光标移至竖直参照线右侧的水平参照线上单击任一点以确定圆心,在目标位置单击左键完成绘制圆(圆保持在竖直参照线右侧),单击中键退出绘制圆命令,系统将自动标注圆的直径尺寸。将光标移动至直径尺寸值上,双击鼠标,修改直径值和距离竖直参考线的距离均为50,回车,完成圆的直径修改。在菜单栏中选择"草绘"—"线"—"中心线",或单击"草绘编辑"工具栏中"线"按钮右侧按钮,找到"中心线"按钮,草绘的中心线与竖直参照线重合,结果如图3-63所示,单击"草绘编辑"工具栏中的"完成"✔退出草绘环境。

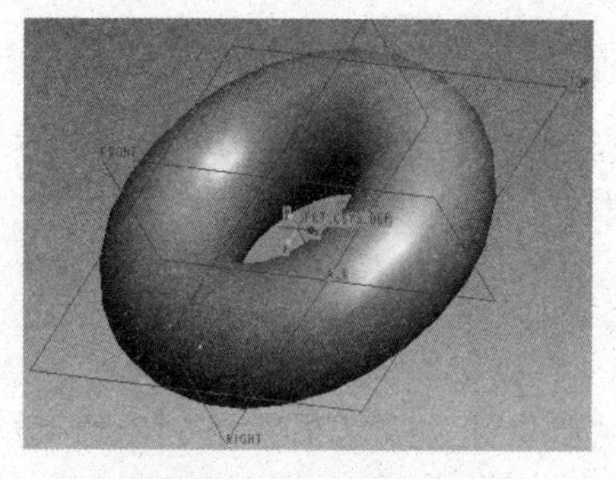

图 3-64　xuanzhuan1

(5) 单击“旋转”面板中的“退出暂停模式”按钮，选择旋转角度选项为“指定值”按钮（从草绘平面指定角度值旋转截面），在旋转角度文本框中填入 360，单击“应用并保存”按钮，结果如图 3-64所示。

3) 修改特征

(1) 变换外形。

找到模型树（见图 3-65），单击“旋转 1”前面的“+”号，右击“草绘 1”找到“编辑定义”并单击，进入草绘界面。将 ϕ50 的圆删除，在菜单栏中选择“草绘”—“矩形”—“矩形”命令，或单击“草绘编辑”工具栏中的“矩形”按钮的右侧按钮中的“矩形”。绘制矩形，完成后单击中键退出，系统自动给出尺寸，同样将光标移动至尺寸值双击对尺寸进行修改，结果如图 3-66 所示，单击“草绘编辑”工具栏中的“完成”退出草绘环境，最终结果如图 3-67 所示。

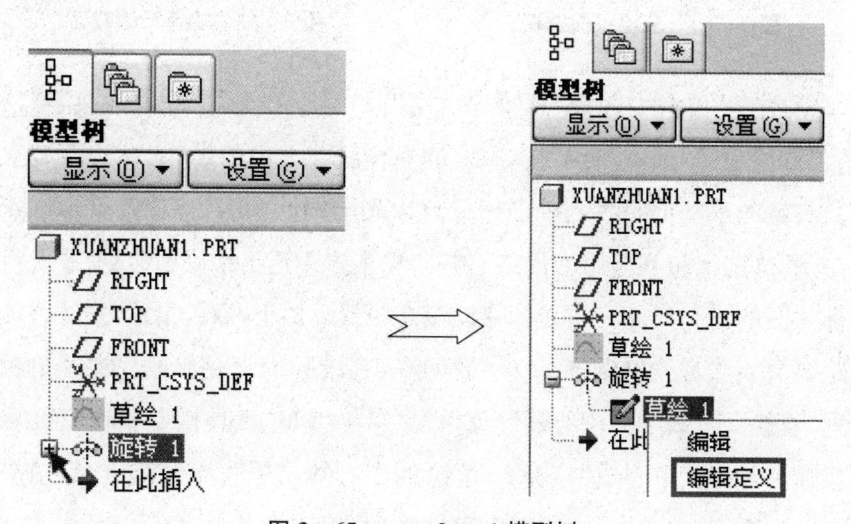

图 3-65　xuanzhuan1 模型树

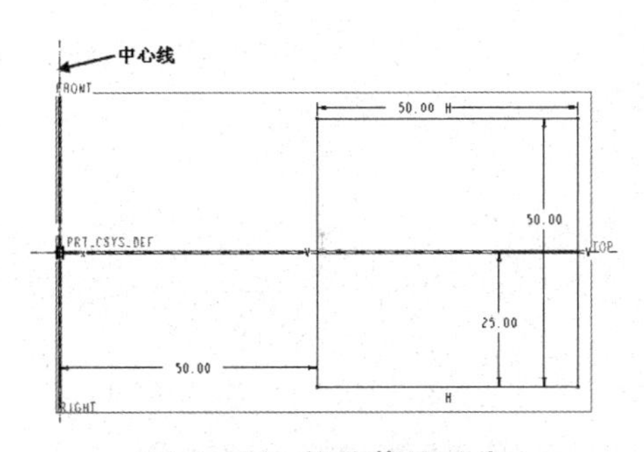

图 3-66　修改截面尺寸

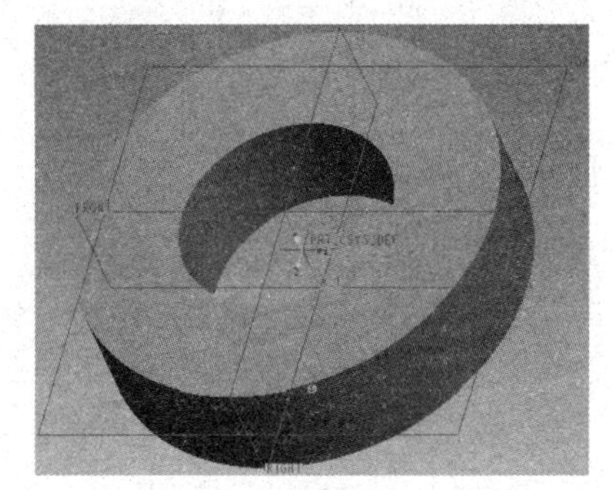

图 3-67　旋转修改 1

（2）修改旋转角度选项。

找到模型树，右击“旋转 1”，找到“编辑定义”并单击，出现“旋转”面板（见图 3-68）。单击的右侧按钮，在下拉工具中选择“对称”按钮，旋转角度数值改为 180，单击“应用并保存”按钮，结果如图 3-69 所示。

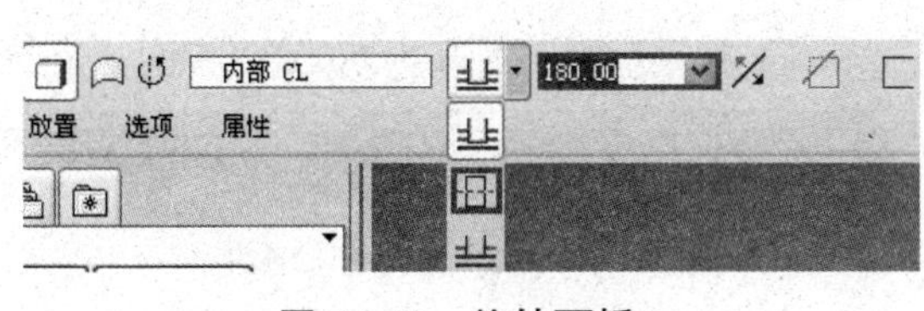

图 3-68　旋转面板 1

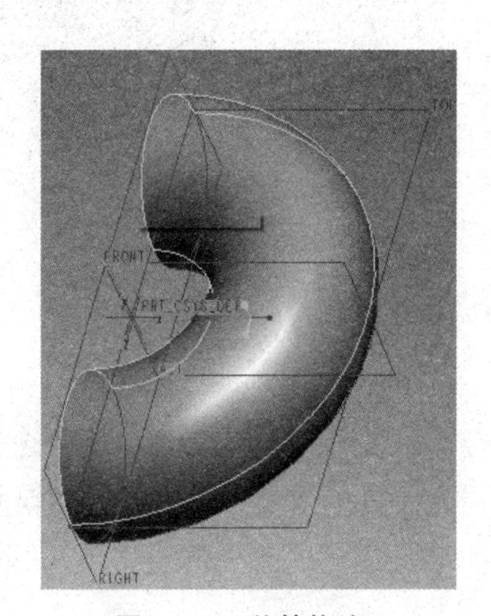

图 3-69　旋转修改 2

（3）加厚。

找到“xuanzhaun1”的模型树，右击“拉伸 1”，找到“编辑定义”并单击，出现“旋转”面板，选择旋转角度选项为“指定值”按钮，在旋转角度文本框中填入 180,单击“反向”按钮，单击“加厚草绘”按钮，并在其后的文本框中输入数值“5”,参数设置如图 3-70 所示,单击“应用并保存”按钮，结果如图 3-71 所示。

图 3-70　参数修改

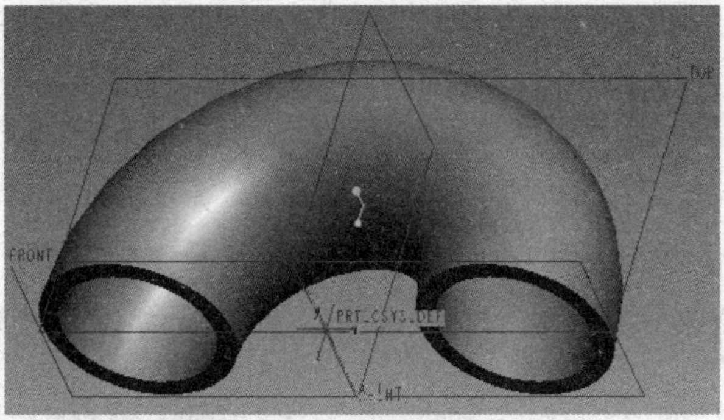

图 3-71　旋转修改 3

可以单击“加厚草绘”按钮文本框后面的“反向”按钮，改变加厚的方向。

3.5.3　扫描特征

扫描特征是通过草绘轨迹或选取轨迹,然后沿该轨迹对草绘截面进行扫描来创建实体。在定义扫描时,系统检查指定轨迹的有效性,并创建法向曲面。

1) 扫描特征创建步骤

(1) 双击桌面上的快捷方式图标，打开 Pro/ENGINEER Wildfire 5.0 工作界面。在菜单栏中选择“文件”—“新建”命令或直接单击工具栏中“新建”按钮，系统打开“新建”对话框,在“类型”选项组中点选“零件”单选项,在“子类型”选项组中点选“实体”单选项,使用缺省模板,并在“名称”

文本框中输入“saomiao1”，系统会自动添加.prt，单击“确定”按钮进入实体零件界面。

(2) 在菜单栏中选择“插入”—“扫描”—“伸出项”命令，系统打开如图3-72所示的“伸出项：扫描”对话框，菜单管理器如图3-73所示。

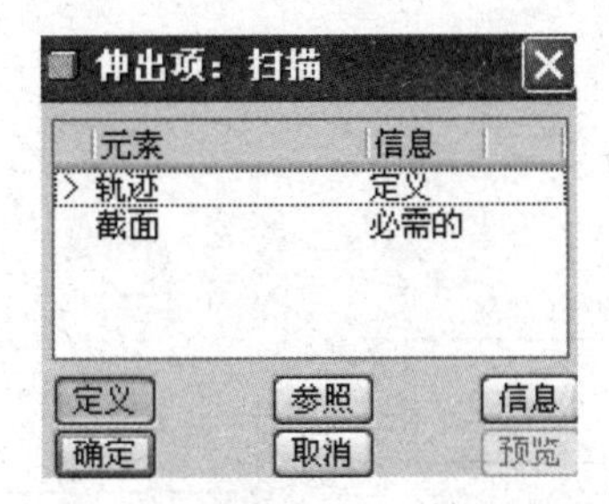

图3-72　“伸出项：扫描”对话框1

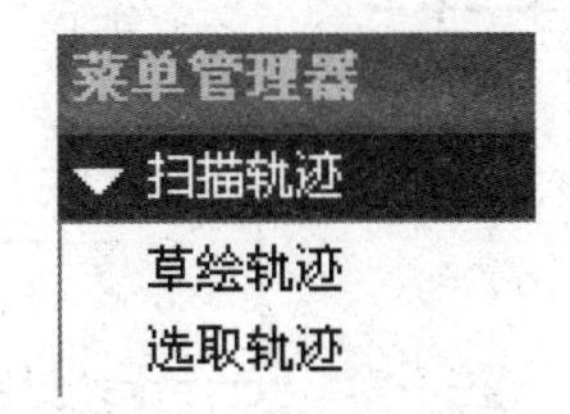

图3-73　菜单管理器1

(3) 在“扫描轨迹”菜单中选择“草绘轨迹”命令，菜单管理器显示为如图3-74所示，系统同时还打开“选取”对话框，提示选取草绘平面。

(4) 系统打开“草绘”对话框，选取FRONT基准平面作为草绘平面，在如图3-75所示的菜单中依次选择“确定”—“缺省”命令，系统进入草绘环境。

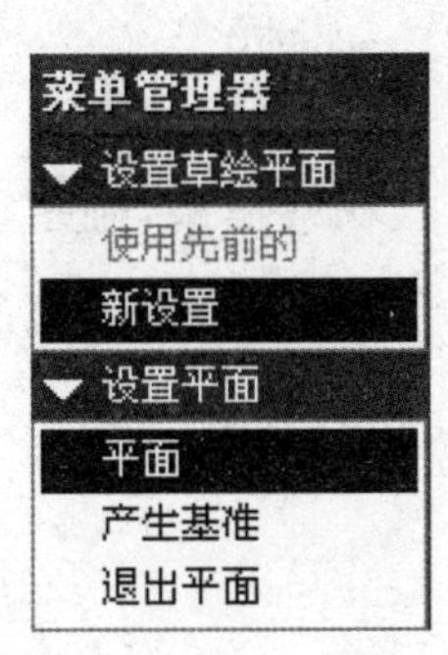

图3-74　菜单管理器2

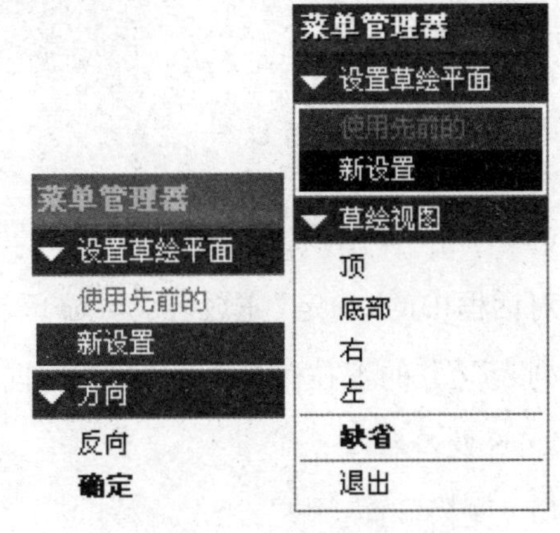

图3-75　菜单管理器3

(5) 绘制如图3-76所示的扫描轨迹。绘制完成后,单击“草绘编辑”工具栏中的“完成”✔退出草绘环境。以草绘参照中心为基准,绘制如图3-77所示的矩形截面,绘制完成后单击“草绘编辑”工具栏中“完成”按钮✔,退出草绘环境。

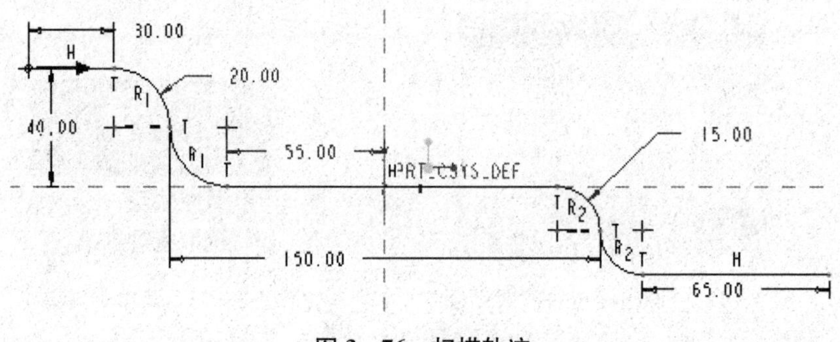

图3-76 扫描轨迹

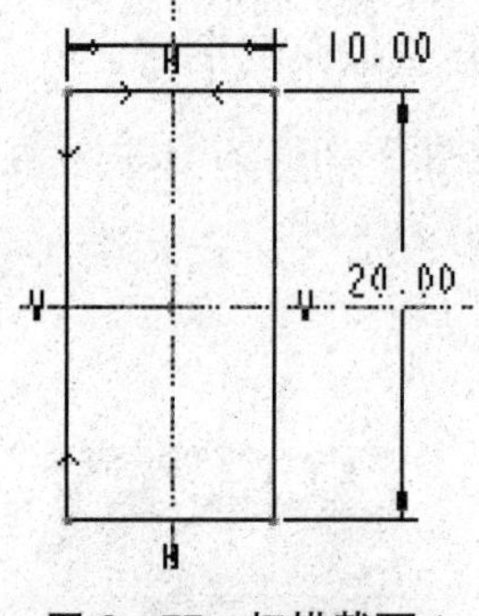

图3-77 扫描截面1

图3-78 saomiao1

(6) 单击“伸出项:扫描”对话框中的“预览”可以观察模型,确定正确后单击对话框中的“确定”完成“saomiao1”的设计。单击工具栏中“已命名的视图列表”的下拉菜单中的“缺省方向”,结果如图3-78所示。

2) 修改特征

(1) 变换截面。

找到模型树,右击“伸出项 标识39”找到“编辑定义”并单击,出现“伸出项:扫描”对话框(见图3-79)。选中“截面 已定义”,单击“定义”,进入截面草绘环境。将矩形改为 $\phi30$ 的圆,单击“草绘编辑”工具栏中的“完成”✔退出草绘环境,单击“伸出项:扫描”对话框中的“确定”,最终结果如图3-80所示。

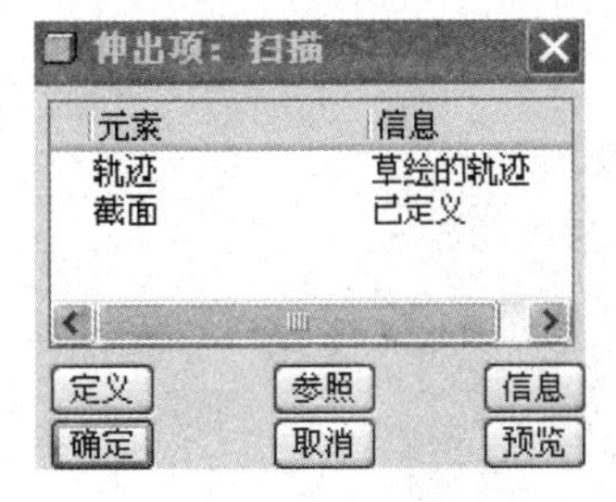

图3-79 “伸出项:扫描”对话框2

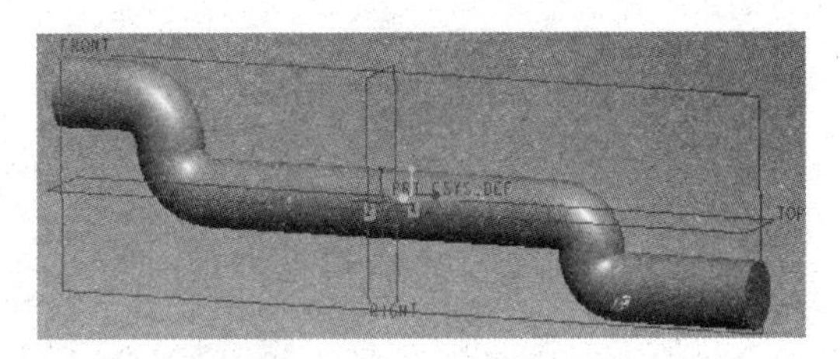

图3-80 扫描修改1

(2) 变换轨迹。

找到模型树,右击“伸出项 标识39”找到“编辑定义”并单击,出现“伸出项:扫描”对话框。选中“轨迹 草绘的轨迹”,单击“定义”,出现“菜单管理器”(见图3-81),可以选择“修改”或“重做”,这里选择默认的“修改”,单击“完成”进入轨迹草绘环境。将轨迹截面改为200 * 100的矩形,单击“草绘编辑”工具栏中的“完成”✔退出草绘环境,单击“伸出项:扫描”对话框中的“确定”,最终结果如图3-82所示。

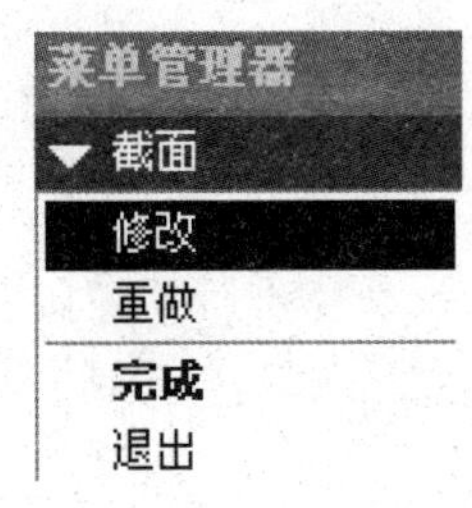

图3-81 菜单管理器4

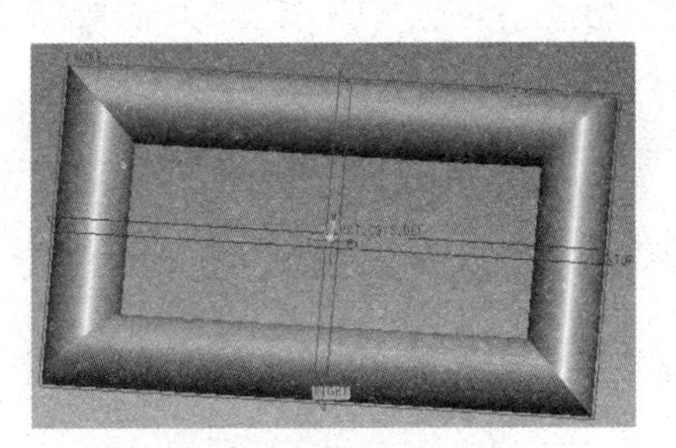

图3-82 扫描修改2

特征命令还包括混合命令(平行混合、旋转混合、一般混合)、扫描混合命令、螺旋扫描、曲面特征等命令。在此,限于篇幅就不作介绍。

思考题

1. 二维草绘一个五角星，尺寸自定。

2. 完成如图示的模型，尺寸自定。

第 4 章

快速成型数据处理实践

4.1 常用快速成型数据文件

美国 3D Systems 公司于 1987 年制定了 STL(STereoLithography)文件格式,它是一种将 CAD 实体数据模型进行三角化处理后的数据文件,以小三角面片为基本单位,离散地近似描述三维实体模型的表面。STL 文件最初应用于快速成型(Rapid Prototyping, RP)领域,并迅速成为 RP 领域中的准标准。目前的 STL 文件格式包括二进制文件(BINARY)和文本文件(ASCII)两种,由于二进制文件的数据量比较小,所以被广泛使用。

1) STL 文件的优点

(1) 可满足任意近似度的要求。对原 CAD 模型的近似度直接取决于离散化时三角形的数目;输出 STL 文件时,可调整三角形数量,并可进行近似程度设置。表 4-1 为各 CAD 软件输出 STL 时的设置。

表 4-1 输出 STL 设置

AutoCAD	输出模型必须为三维实体,且 *XYZ* 坐标都为正值。在命令行输入命令“Faceters”→设定 FACETRES 为 1～10 之间的一个值(1 为低精度,10 为高精度)→然后在命令行输入命令“STLOUT”→选择实体→选择“Y”,输出二进制文件→选择文件名

（续表）

I-DEAS	File(文件)→Export(输出)→Rapid Prototype File(快速成型文件)→选择输出的模型→Select Prototype Device(选择原型设备)→SLA500. dat→设定 absolute facet deviation(面片精度)为 0.000395→选择 Binary(二进制)
ProE Wildfire	1. File(文件)→保存副本→选择文件类型为 STL(*.stl) 2. 设定弦高为 0 回车。然后该值会被系统自动设定为可接受的最小值 3. 设定 Angle Control(角度控制)为 0.1
SolidDesigner	File(文件)→External(外部)→Save STL(保存 STL)→选择 Binary(二进制)模式→选择零件→输入 0.001 mm 作为 Max Deviation Distance(最大误差)
SolidEdge	1. File(文件)→Save As(另存为)→选择文件类型为 STL 2. Options(选项) 设定 Conversion Tolerance(转换误差)为 0.001 in 或 0.0254 mm 设定 Surface Plane Angle(平面角度)为 45.00
SolidWorks	1. File(文件)→Save As(另存为)→选择文件类型为 STL 2. Options(选项)→Resolution(品质)→Fine(良好)→OK(确定)
UG	1. File(文件)→Export(输出)→Rapid Prototyping(快速原型)→设定类型为 Binary(二进制) 2. 设定 Triangle Tolerance(三角误差)为 0.0025 设定 Adjacency Tolerance(邻接误差)为 0.12 设定 Auto Normal Gen(自动法向生成)为 On(开启) 设定 Normal Display(法向显示)为 Off(关闭) 设定 Triangle Display(三角显示)为 On(开启)

(2) 便于后期开发。由三角面片拼接起来的三维模型，可直接用于有限元分析。

(3) 模型易于分割和修复，已成为 RP 行业的数据转换标准。

2) STL 文件的缺点

(1) 会出现裂缝、空洞、悬面、重叠面和交叉面等错误。由于三角形面片之间存在空隙，可能会导致两个以上的三角形网格共一边或两个三角形网格重合等现象。

(2) 包含过多不必要的信息，占用过多的存储资源。由于这些记录方式没有考虑相邻三角面片的相关性，故须记录每一个三角形的顶点和方向矢量。

(3) 影响模型的形状和尺寸精度。三维模型经过网格化处理，用近似的三角形面片来拟合平面或曲面，必然会造成上下不连续的多面体模型。

需要运用逆向软件来修补有缺陷的 STL 文件，代表性的软件有 EDS 公司的 Imageware、Geomagic 公司的 Geomagic Studio、Paraform 公司的 Paraform、PTC 公司的 ICEM Surf、DELCAM 公司的 Copycad 软件。这里主要介绍 Geomagic Studio 的实践应用方法。

4.2 Geomagic Studio

Geomagic Studio 是美国 Geomagic 公司出品的逆向工程软件，可轻易地从扫描所得的点云数据中创建出完美的多边形网格并自动转换为 NURBS 曲面，其逆向曲面重建模块能快速地整理点云资料并自动产生网格以构建任何复杂模型的准确曲面。Geomagic Studio 已广泛应用于汽车、航空、制造、医疗建模、艺术和考古领域。

根据其逆向建模的流程，主要包括 6 个模块：基础模块、点处理模块、多边形处理模块、形状模块、Fashion 模块、参数转换模块。在此，我们主要是对扫描的数字化模型进行修补操作，所以主要用到多边形处理模块。多边形处理模块可以对多边形网格数据进行清除、删除钉状物，减少噪点，表面光顺与优化处理，以获得光顺、完整的三角面片网格，加厚、抽壳、偏移三角网格，并清除错误的三角面片，修复相交区域，消除重叠的三角形，提高后续的曲面重建质量。

4.2.1 启动软件及用户界面

单击桌面上图标，启动 Geomagic Studio 12，如图 4-1 所示。图 4-2

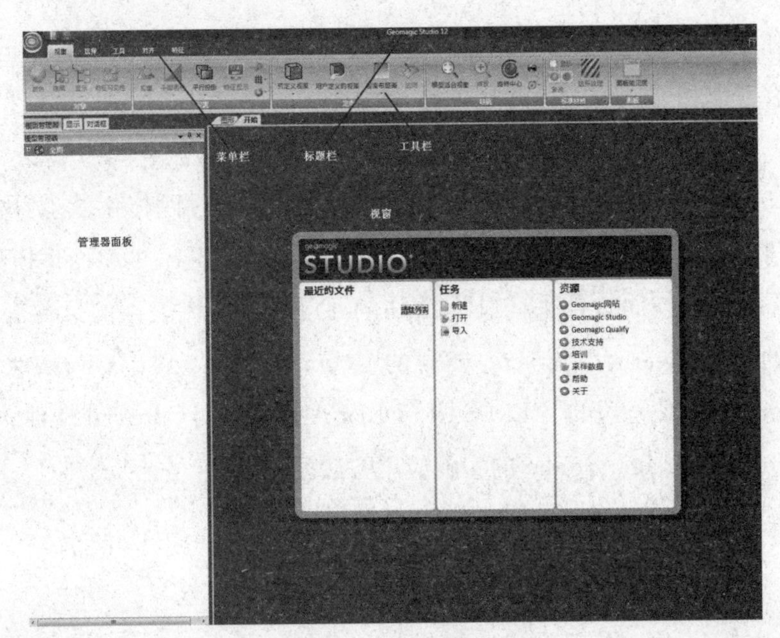
菜单栏
标题栏
工具栏
视窗
管理器面板
STUDIO
最近的文件
任务
资源

图 4－1　用户界面

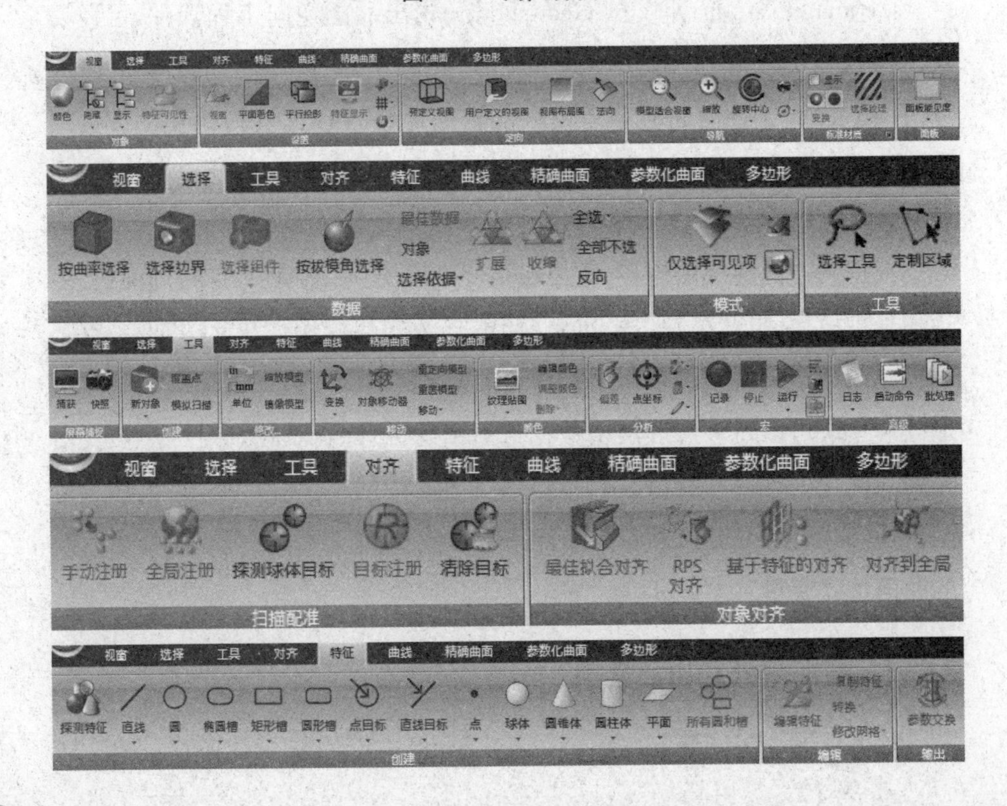
视窗 选择 工具 对齐 特征 曲线 精确曲面 参数化曲面 多边形
按曲率选择 选择边界 选择组件 按拔模角选择 选择依据 扩展 收缩 全选 全部不选 反向 仅选择可见项 选择工具 定制区域
数据 模式 工具
手动注册 全局注册 探测球体目标 目标注册 清除目标 最佳拟合对齐 RPS 对齐 基于特征的对齐 对齐到全局
扫描配准 对象对齐
探测特征 直线 圆 椭圆槽 矩形槽 圆形槽 点目标 直线目标 点 球体 圆锥体 圆柱体 平面 所有圆和槽 编辑特征 参数交换
创建 编辑 输出

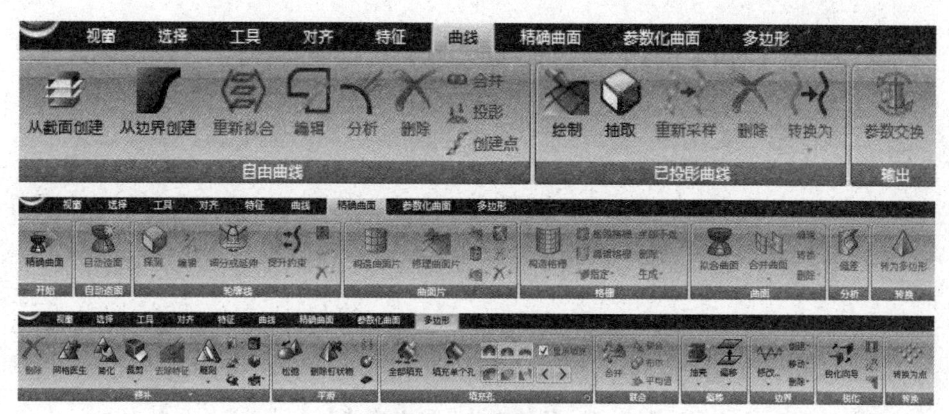

图 4-2 菜单选项

为各菜单的工具选项。

4.2.2 鼠标控制和快捷键

在 Geomagic Studio 中需要使用三键鼠标，这样有利于提高工作效率。鼠标键从左到右分别为左键(MB1)、中键(MB2)和右键(MB3)。

1) 鼠标左键

MB1：单击选择用户界面的功能键和激活对象的元素；单击并拖拉激活对象的选中区域。

Ctrl+MB1：取消选择的对象或区域。

Alt+MB1：调整光源的入射角度和亮度。

Shift+MB1：当同时处理几个模型时，设置为激活模型。

2) 鼠标中键

滚轮：缩放作用。

MB2：单击并拖动对象在视窗/坐标系里旋转。

Ctrl+MB2：设置多个激活对象。

Alt+MB2：平移。

Shift+Ctrl+MB2：移动模型。

3）鼠标右键

MB3：单击获得快捷菜单，包含了一些使用频繁的命令。

Ctrl+MB3：旋转。

Alt+MB3：平移。

Shift+MB3：缩放模型。

4）快捷键

表4-2列出了快捷键及其所对应的命令。

表4-2　快捷键及其所对应的命令

快捷键	命　　令
Ctrl+N	文件—新建
Ctrl+O	文件—打开
Ctrl+S	文件—保存
Ctrl+Z	编辑—撤销
Ctrl+Y	编辑—重复
Ctrl+T	编辑—选择工具—矩形
Ctrl+L	编辑—选择工具—线条
Ctrl+P	编辑—选择工具—画笔
Ctrl+U	编辑—选择—定制区域
Ctrl+A	编辑—全选
Ctrl+C	编辑—全部不选
Ctrl+V	编辑—只选择可见
Ctrl+G	编辑—选择贯穿
Ctrl+F	视图—设置旋转中心

（续表）

快捷键	命　　令
Ctrl+R	视图—重新设置—当前视图
Ctrl+X	工具—选项
F1	帮助—这是什么？
Alt+O	视图—对象—全部隐藏
Alt+9	视图—对象—全部显示

4.2.3　Geomagic Studio 实践操作

（1）运用 Breuckmann Smartscan—2.0M 彩色扫描仪（见图 4－3）对龙模型（见图 4－4）采用 Index mark matching 方式进行数据采集，得到点云数据。

图 4－3　Smartscan—2.0M

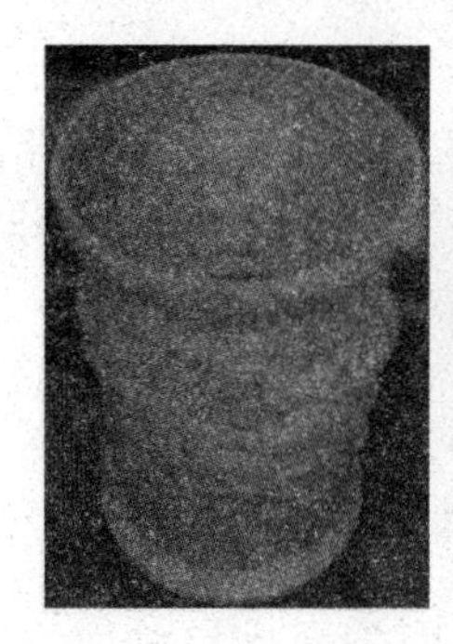

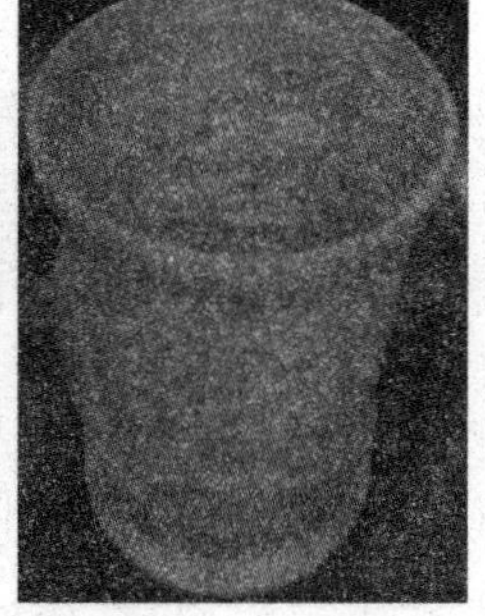

图 4－4　龙模型

（2）单击桌面上图标，启动 Geomagic Studio 12，打开扫描得到的点云数据，选择数据单位为“Millimeters”，此时界面如图 4－5 所示。通过网格医生，可以看到有很多缺陷(自相交 15、高度折射边 70、尖状物 4059、小组件 7、小孔 97)。单击“应用”，可以直接修补缺陷，结果如图 4-6 所示，完成后单击“确定”。

图 4-5　点云模型

图 4-6　修补后

(3) 将修补后的模型摆正，单击“多边形”选项(见图 4-7)，单击“裁剪”图标的下拉键，选中“用平面进行裁剪”，弹出对话框(见图 4-8)，在“定义”中选择“直线”，对修补后的模型的定义条直线，如图 4-9 所示，定义好直线后，单击对话框中的“平面截面”命令，如图 4-10 所示，再单击对话框中的“删除所选择的”，将上部红色区域删除；同样方法将下部凸台也删除，结果如图 4－11 所示。

图 4－7　“多边形”选项

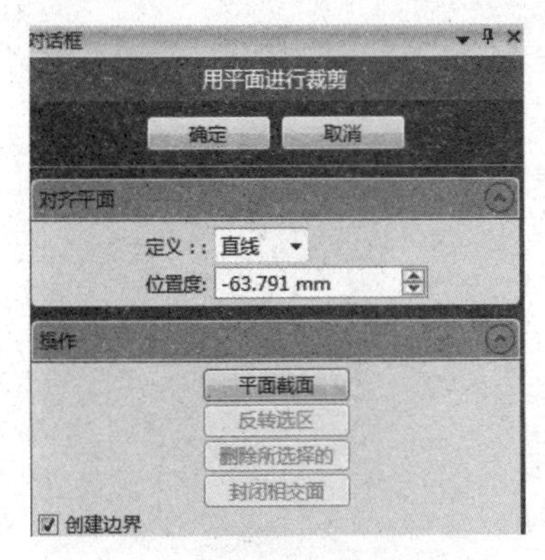

图 4－8　“用平面进行裁剪”

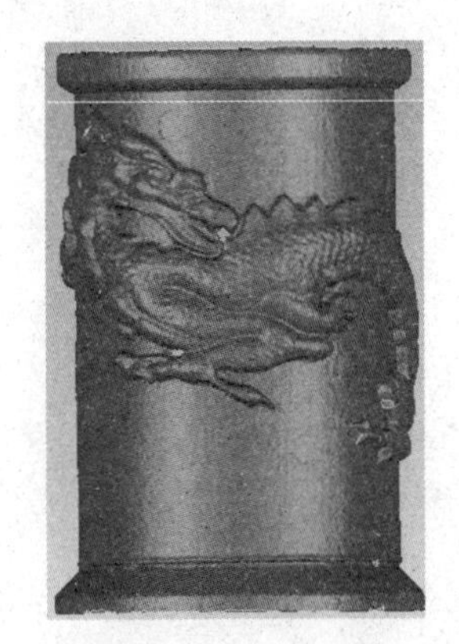

图 4－9　定义直线

图 4－10　平面截面

图 4－11　裁剪后的模型

(4) 在“选择”选项(见图 4－12)中，单击“选择依据”图标 选择依据▾，在下拉选项中选择“折角”命令，单击模型的内侧，选中后单击“确定”，再按键盘上的“Delete”键，删除内侧，结果显示如图 4－13 所示。

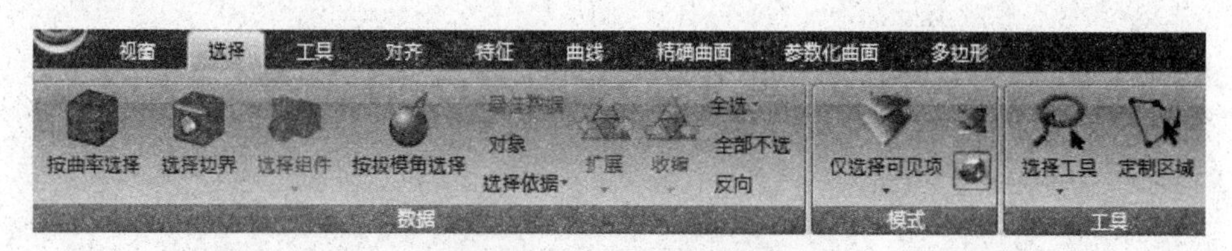

图 4－12 “选择”选项

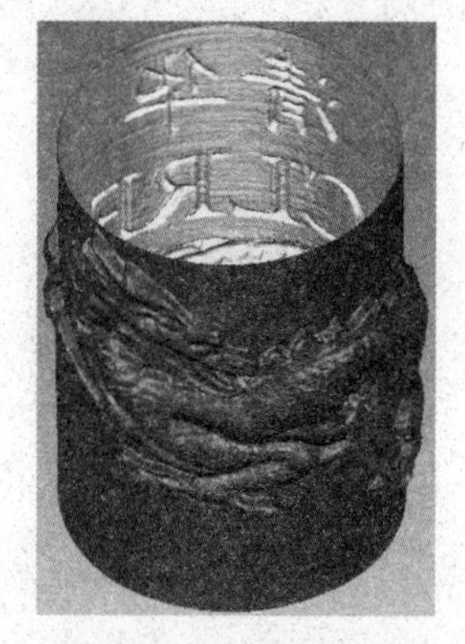

图 4－13 删除内侧后的模型

图 4－14 去除文字后的模型

(5) 在“选择”选项(见图 4－12)中,单击“选择工具”图标,在下拉选项中选择“套索”工具,将扫描数据上的“清华”和“CLRF”选中并去除。在“多边形”选项(见图 4－7)中,单击“填充单个孔”图标,选择“曲率”图标,对模型外表面的空洞进行修补。结果如图 4－14 所示。

图 4－15 加厚后的模型

(6) 在“多边形”选项(见图 4－7)中,单击“抽壳”图标的下拉键,在下拉选项中单击“加厚”命令,对模型加厚 1 mm,结果如图 4－15 所示。

(7) 将修补好的模型保存为 long3. stl,作为第 6 章中实践操作的载入文件。

思考题

1. STL 文件是什么意思?
2. 简述模型修复的方法和步骤。
3. 自由选择模型进行扫描和模型修复,生成 STL 文件。

第5章
熔融沉积成型技术

5.1 熔融沉积成型技术原理

熔融沉积成型技术(FDM)是利用热塑性材料的热熔性和黏结性、在计算机控制下层层堆积成型的。通过送丝机构将丝状材料(ABS、蜡、PlA、尼龙等)送进喷头,并在喷头中加热至熔融态,同时加热喷头在计算机的控制下按照相关截面轮廓和填充轨迹的信息扫描,同时挤压并控制材料流量,使黏稠的成型材料和支撑材料被选择性地涂覆在工作台上,冷却后形成截面轮廓,一层完成后,工作台下降一个层厚,再进行下一层的涂覆,如此循环、层层叠加最终形成三维模型。图5-1为FDM原理图。

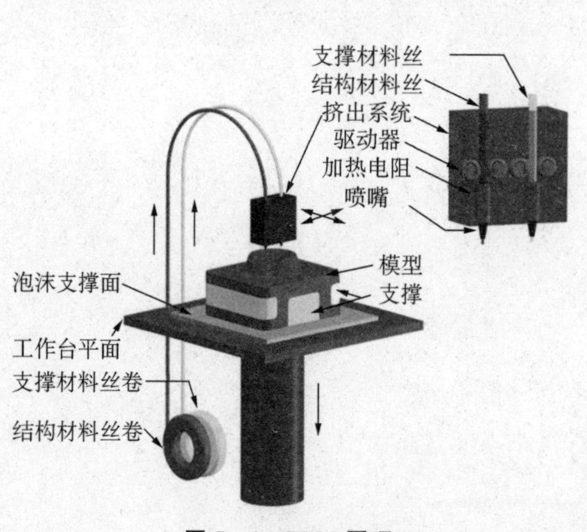

图5-1 FDM原理

5.2　熔融沉积成型技术的特点

1）优点

(1) 熔融沉积成型工艺中没有激光器这个部件，而且喷头系统构造简单，维护成本低。

(2) 工程材料 ABS 的韧性好，适合于进行二次加工。

(3) 用蜡材料成型的零件模型，可以直接用于熔模铸造。

(4) 原材料在成型过程中尺寸稳定性好，适合于进行装配。

(5) 材料无毒性且不产生异味、粉尘、噪声等污染，适合于办公室环境使用。

(6) 操作简单，无须长期操作经验，也无须专人负责操作。

2）缺点

(1) 成型件的表面有较明显的条纹，对模型的外观有一定的影响。

(2) 模型沿成型轴垂直方向的强度比较弱，易开裂，不稳定。

(3) 需要另外制作支撑结构，增加了成型时间和材料费用。

3）支撑结构的特点

(1) 作为基础层，即在制作平台和原型件底层之间建立缓冲层，使原型件制造完成后容易脱离制作平台。

(2) 支撑悬空物，对悬空的结构和材料起支撑作用，防止新层坍塌、变形。

(3) 加固构筑物，防止制造过程中原形件发生收缩、变形、位移和倒塌。

5.3　熔融沉积成型技术精度分析

5.3.1　模型制作的影响因素

在熔融沉积成型工艺过程中影响成型件精度的因素有很多，然而，实践证明，尽管各种因素对成型件精度和表面粗糙度都有或多或少的影响，但起主要作用的只有少数几个，下面阐述这几个主要因素单独或相互作用时对成型件精度的影响。

1) STL 文件存储格式

由于 STL 模型只是对 CAD 模型的几何近似，在它与三维 CAD 数据模型进行转换时存在一定的误差，一般容易造成裂缝、空洞、悬面、重叠面和交叉面等错误，另外数据量很大，数据处理速度比较慢。

2) 材料性能的影响

材料性能的变化直接影响成型过程和成型件的精度，材料在整个工艺过程中要经过固体—熔体—固体的两次相变，材料在凝固过程中的体积收缩会产生内应力，这个内应力容易导致翘曲变形及脱层现象。

熔融沉积制模技术中主要使用的是 ABS 树脂，其收缩因素主要有两点：

(1) 热收缩。

材料因其固有的热膨胀率而产生的体积变化，它是收缩产生的最主要因素。

$$\Delta L = \delta \times (L + \Delta/2) \times \Delta t$$

式中：δ——材料的线膨胀系数，(℃)；

L——零件 x/y 向尺寸，mm；

Δ——零件制作的允许公差；

Δt——制作时的温差，(℃)。

(2) 分子取向的收缩。

材料过程中，熔态的 ABS 分子在填充方向上被拉长又在冷却过程中产生收缩，而取向作用会使堆积丝在填充方向的收缩率大于与该方向垂直的方向的收缩率，这个收缩会产生内应力，这个内应力容易导致制作件的翘曲变形及脱层现象。

3）喷头温度和成型室温度的影响

在熔融沉积制模工艺过程中喷头温度决定了材料的黏结性能和堆积性能、丝材流量以及挤出丝宽度。温度太低则材料黏度加大，挤丝速度变慢，这不仅加重了挤压系统的负担，极端情况下还会造成喷嘴堵塞，而且材料层间黏结强度降低还会引起层间剥离；温度太高则材料偏于液态，挤丝速度变快，无法形成可精确控制的丝，制作时会出现前一层材料还未冷却成型后一层就加压于其上，从而使前一层材料坍塌和破坏。

成型室的温度会影响到成型件的热应力大小，温度过高，虽然有助于减少热应力，但零件表面易起皱；温度太低，零件热应力增大，容易使零件翘曲，而且挤出冷却速度过快，在前一层截面完全冷却凝固后才开始堆积下一层，这会导致层间黏结不牢固，有开裂现象。

4）挤出和填充速度的影响

挤出速度是指喷头内熔融态的丝从喷嘴中挤出的速度，单位时间内挤出丝的体积与挤出速度成正比。在与填充速度合理匹配的范围内，随着挤出速度的增大，挤出丝截面宽度逐步增大，当挤出速度逐步增大时，挤出的丝就会黏附于喷嘴外圆锥面，就无法正常工作。填充速度是指扫描截面轮廓速度或填充网格的速度。填充速度比挤出速度快，则材料填充不足，出现断丝现象，相反填充速度比挤出速度慢，熔丝堆积在喷头上使成型材料分布不均匀，表面有疙瘩，影响成型件质量。

5）分层厚度的影响

分层厚度是指在成型过程中每层切片截面的厚度，由此会造成模型成型后的表面出现台阶现象，直接影响模型的尺寸误差和表面粗糙度。对于FDM技术而言，分层厚度的存在就不可避免会出现台阶现象。分层厚度越小，台阶高度越小，但分层处理和成型时间就相应延长，降低加工效率。

6）成型方向的影响

模型成型方向对模型的质量、材料的消耗和制作时间等方面都有很大的影响。如果一个模型摆放不当，造成它的斜面和外伸部分过多，就必然会出现过多的支撑结构，这样既浪费了成型时间和耗材，又会给后处理带来很大的麻烦，增加工作强度。

5.3.2 解决的方法

由以上分析可知，在 FDM 工艺过程中，主要有 6 个影响模型精度的因素，下面提出了一些解决方法来提高模型的精度。

1) STL 格式的处理

STL 文件的数据格式是采用小三角形面片的形式来逼近三维实体模型的外表面，因此小三角形数量的多少就直接影响模型的成型精度。小三角形数量越多，面片越小，成型精度越高，文件越大，所以要根据成型件质量要求来确定。

弦高是指三角形的轮廓边与曲面之间的径向距离，弦高的大小决定着小三角形的数量，也就直接影响成型件的表面质量。图 5-2(a)～(c)分别表示弦高取 1，0.1，0.01 时的 STL 模型。

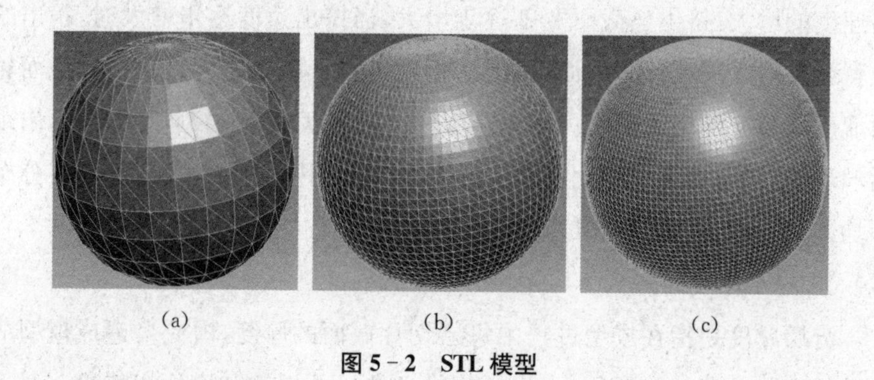

(a) (b) (c)

图 5-2 STL 模型

2) 材料性能的处理

对于尺寸变形，可以在设计开始阶段通过在填充方向和堆积方向上的尺寸计算来对 CAD 模型的尺寸进行预补偿。

填充方向上应改进公式为：$\Delta L_1 = \beta \times \delta_1 \times (L + \Delta/2) \times \Delta t$；

堆积方向上应改进公式为：$\Delta L_2 = \beta \times \delta_2 \times (L + \Delta/2) \times \Delta t$。

为考虑实际零件尺寸的收缩还受其他因素单独或相互的制约，一般取 $\beta=0.3$，δ_1，δ_2 分别为材料水平方向和垂直方向的收缩率，取 $\delta_1=7\times10^{-5}$，$\delta_2=0.7\delta_1$。

3）喷头温度和成型室温度的处理

喷头的温度对于不同的FDM技术的材料设置是不同的，由于材料属于厂商专供，所以设备在出厂时，它的喷头温度就设置好了，当温度到达后，传感器发出指令，喷头的温度就稳定下来了。可以在软件中对成型室的温度进行微调，通常制作比较大的模型时，会将成型室的温度设置高些，减少模型的热应力，在成型过程中避免翘曲和开裂现象；制作比较小的模型时，可以将成型室的温度设置低些，避免表面堆丝，可以提高模型的表面粗糙度。

4）挤出速度、填充速度、喷丝宽度

这几项一般都是在成型软件中设定好的，多为出厂设置，一般无法进行修改。

5）分层厚度的处理

分层厚度越小，模型表面质量越好，但制作时间延长。所以分层的厚度应该根据制作模型的质量要求来确定，在满足模型质量的前提下，可以将分层厚度适当地增大一些，制作好的模型表面可以通过一些后处理工序，如打磨、抛光来完成。

6）模型的摆放

通常模型在 XY 方向的尺寸精度比 Z 向更容易控制和保证，所以在选择模型摆放时应将精度要求高的外轮廓表面尽可能放置在 XY 平面内。另外，STL模型摆放时应尽可能减少支撑的数量，有利于减少成型时间，节省材料，减轻后处理的工作量，提高模型的表面质量。对于一些没有强度、刚性等工程特性要求的模型，可以将其分成若干部分分别成型，再手工进行黏合完成整个模型。通过这种方法不但可以制作形态较为复杂的模型，还可以制作超过成型机最大成型尺寸的模型，从而打破成型机本身成型空间的限制。

5.4 熔融沉积成型技术的应用

1）在工业设计新产品研发中的应用

熔融沉积成型技术可以快速制作任意复杂的三维模型，可以根据成型的三维模型对设计的正确性、造型的合理性、可装配性和干涉情况等进行具体的检验和核查。对于一些复杂而昂贵的零件，可以及时发现设计中的失误和缺陷，降低开发成本和风险。

2）概念模型的可视化应用

熔融沉积成型技术可以迅速将设计者的设计思想转变成实物模型，不仅节省了大量的时间和精力，还能准确地体现设计者的设计理念，为产品评估等决策工作提供直接、准确的实物模型。

3）产品的装配检验和性能、功能测试

在新产品投产之前，利用熔融沉积成型技术制作零件模型，然后进行装配，验证设计的合理性，及时发现安装工艺和装配中出现的问题，还可以进行对产品外观的设计评价和结构校验。图 5－3 为一棘轮爪的 RP 样件。

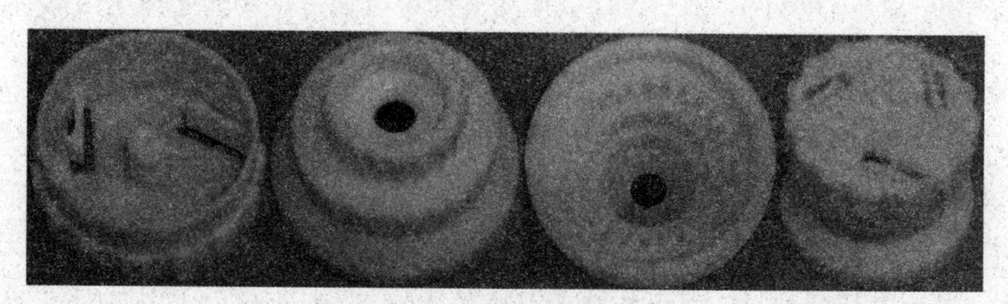

图 5－3　棘轮爪的 RP 样件

4）医学领域的应用

借助于计算机断层照相法（CT）及核磁共振（NMR）等高分辨率检测技术，获得人体骨骼的图像数据，通过熔融沉积成型技术制作缺损部位模型，为手术方案提供依据，减少手术风险。图 5－4 为病人的面部骨骼。

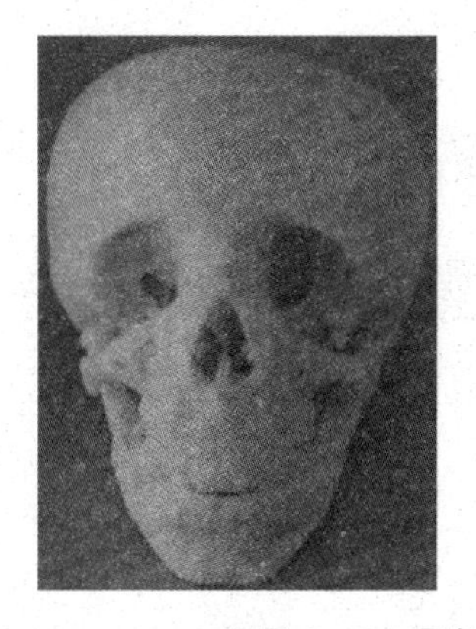

图 5－4 面部轮廓 RP 样件

5）艺术领域的应用

借助于CAD技术和逆向工程技术对工艺品及珍贵文物等进行原型设计和复制，再利用熔融沉积成型技术进行工艺品的三维模型仿制，对于局部部位还可以进行修补和补充。图 5－5 为人物的复制样件，图 5－6 为建筑的复制样件。

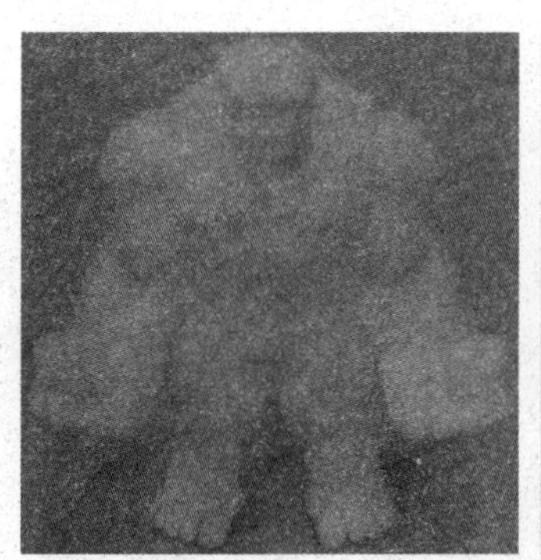
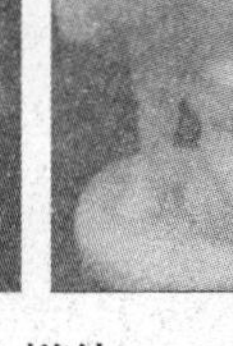
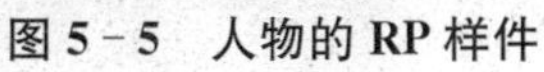

图 5－5 人物的 RP 样件

图 5－6 建筑物的 RP 样件

思考题

1. 简述熔融沉积成型技术的原理和特点。
2. 简述影响熔融沉积成型技术成型精度的因素。
3. 针对影响成型精度的因素，有哪些对策？
4. 熔融沉积成型技术可以应用于哪些方面？

第6章

熔融沉积成型技术实践

6.1 Dimension Uprint SE Plus 成型机成型实践

以美国 Stratasys 公司的 Dimension Uprint SE Plus 成型机(见图 6-1)为例,介绍其工作原理、性能参数、软件和设备操作实践方法。

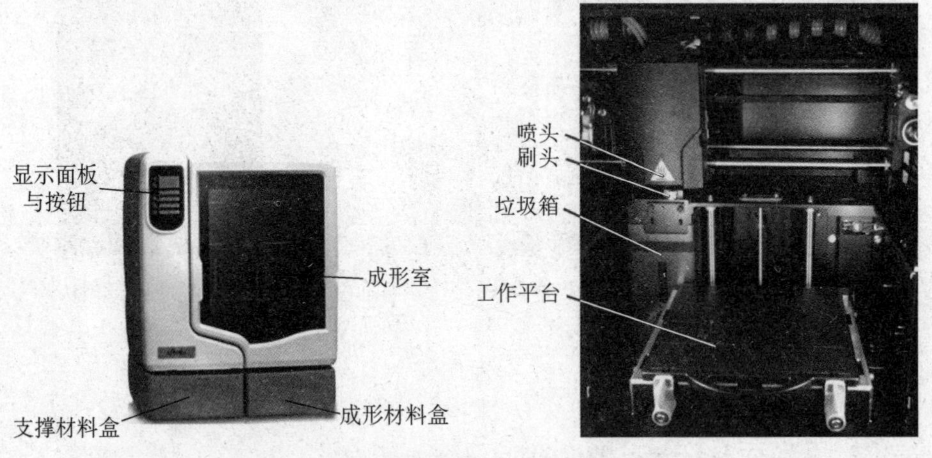

图 6-1 Dimension Uprint SE Plus 成型机

6.1.1 工作原理

Dimension Uprint SE Plus 成型机有两个喷嘴,一个为成型材料喷嘴

(model tip),另一个为支撑材料喷嘴(support tip),喷头由计算机控制在 $X-Y$运动平台上移动,喷出材料在工作平台上凝固,工作台沿 Z 向移动,涂覆一层后下降一个层厚(0.254mm, 0.33mm),按照模型的截面轮廓堆积成型,直至三维模型完成。

6.1.2 主要性能参数

Dimension Uprint SE Plus 成型机的主要性能参数见表 6-1 所示。

表 6-1 Uprint SE Plus 的主要性能参数

设备名称	Dimension Uprint SE Plus
成型工艺	FDM 熔融沉积
成型尺寸	203 mm × 203 mm × 152 mm
分层厚度	0.254 mm/0.33 mm
支持颜色	象牙色、白色、黄色、黑色、蓝色、红色、绿色、粉色、灰色
成型材料	ABSplus
支撑材料	ABS 系列水溶性材料
设备软件	CatalystEX
设备尺寸	635 mm × 660 mm × 787 mm

6.1.3 CatalystEX 软件与 Uprint SE Plus 成型机操作实践

(1) 打开 UPS 电源和设备电源开关,设备自动进行初始化,完成后设备显示面板"等待零件",如图 6-2 所示。检查工作平台、成型材料和支撑材料是否齐备。

(2) 启动计算机。

(3) 双击桌面软件图标,运行 CatalystEX

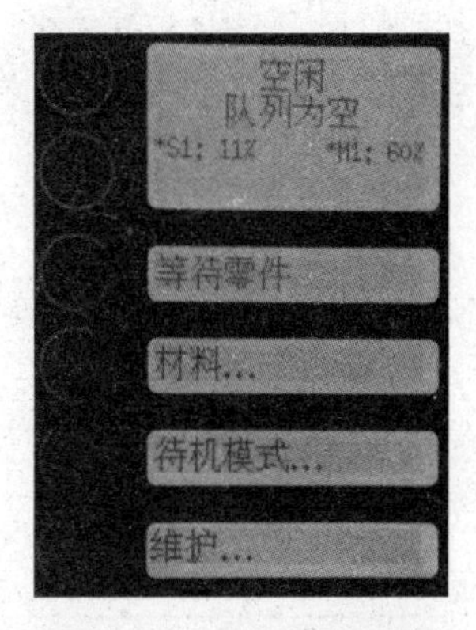

图 6-2 设备显示面板"等待零件"

软件，如图 6－3 所示，表6－2为 CatalystEX 的“属性”中各指令的含义。

图 6－3　CatalystEX 界面

表 6－2　CatalystEX 的“属性”各指令含义

层　厚		0.010 in(0.254 mm)/0.013 in(0.330 2 mm)
模型内部	实心	制作实心的模型，制作时间长，使用材料多
	疏松—高密度	软件默认的模型内部样式，制作时间较短，可以减少大质量模型制作过程中发生卷曲的可能性
	疏松—低密度	内部为“蜂窝状”或“鸟巢状”，制作时间短、使用材料少
支撑填充	基础	基础支撑在支撑成型路径之间只用一致的间距
	SMART	尽可能减少支撑材料的用量，缩短制作时间
	环绕	整个模型都由支撑材料环绕，通常用于高而薄的模型
份数		指制作模型的数量
STL 单位		毫米/英寸
STL 比例		可以对 STL 模型进行比例调整

(4) 单击菜单“文件”—“打开 STL”，载入先前保存的 long3. stl 文件，如图 6-4 所示。在常规属性选项中，选择厚度“0. 254”、模型内部“疏松—低密度”、支撑填充“SMART”、份数“1”、STL 单位“毫米”、STL 比例“0. 7”。

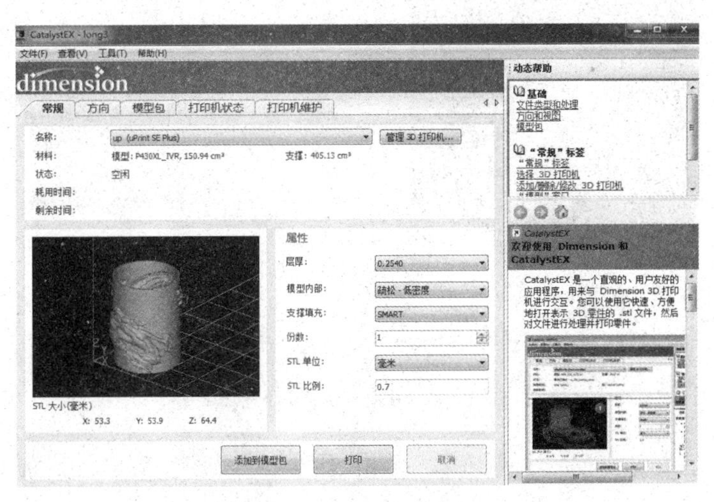

图 6-4　“常规”选项

(5) 单击“方向”选项，如图 6-5 所示。单击“自动定向”，软件自动将模型摆放为最快速省材的位置，再单击“处理 STL”软件自动对数字化模型进行分层处理，结果如图 6-6 所示。

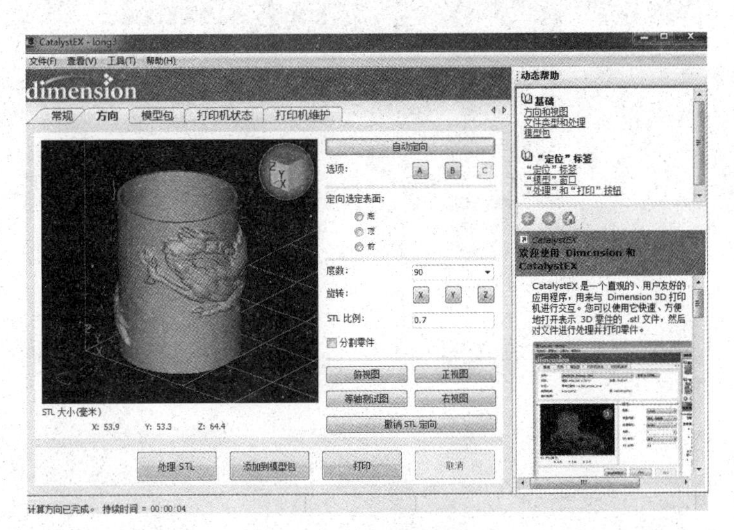

图 6-5　“方向”选项

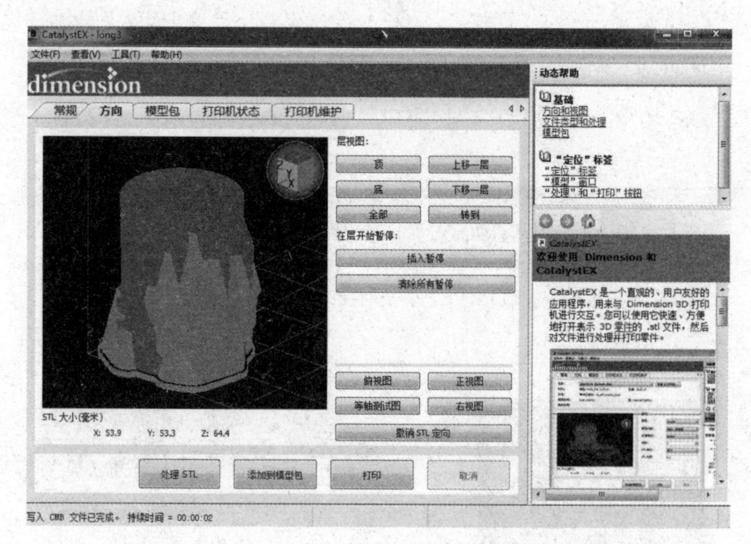

图 6-6　long3 的 STL 处理

(6) 单击“添加到模型包”后，单击“模型包”选项，如图 6-7 所示。注意“名称”中的信息和实际是否相符，在“预览”中调整模型在工作平台上制作的位置，还可以在界面中看到制作所使用的“模型材料”、“支撑材料”和“时间”的信息。准备就绪后，单击“打印”。

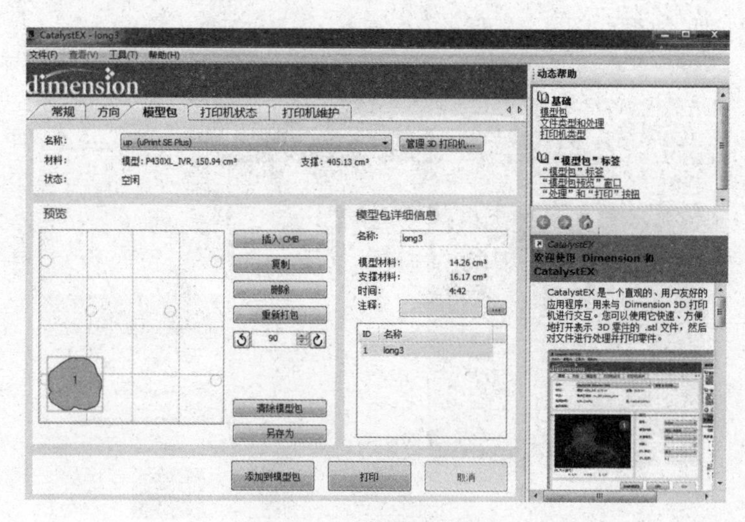

图 6-7　“模型包”选项

(7) 在设备的显示面板上按“启动模型”按钮，如图 6－8 所示，设备开始升温并开始打印模型。

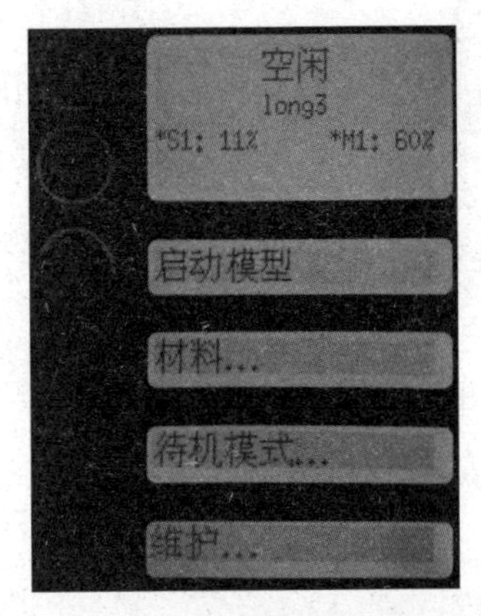

图 6－8　设备显示面板“启动模型”

(8) 设备开始成型模型时，可以单击软件中的“打印机状态”选项，显示制作过程的及时信息，如图 6－9 所示。注意此时的设备门是无法打开的。

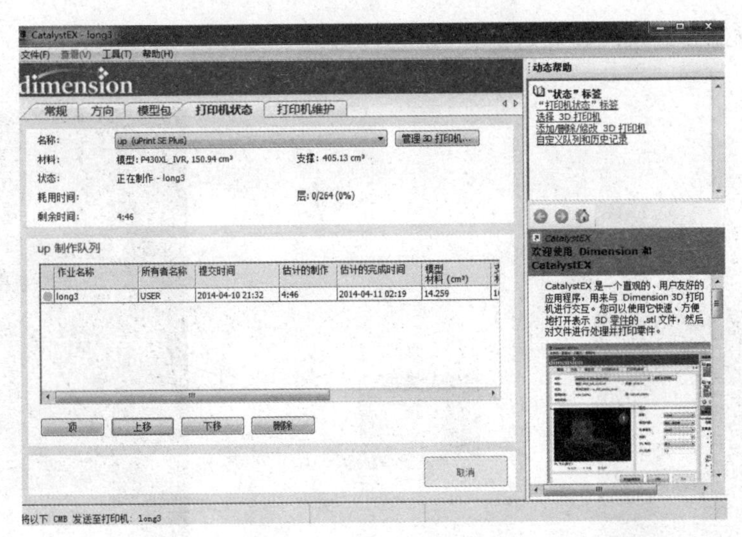

图 6－9　“打印机状态”选项

(9) 成型结束后，设备显示面板上显示“已完成”和“移除零件并更换托

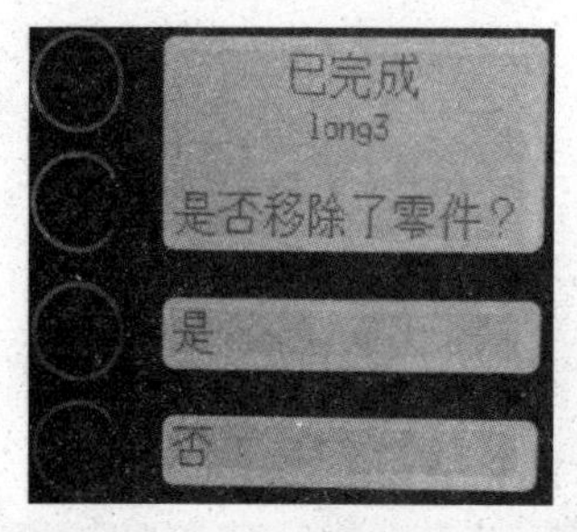

图 6-10 “是否移除了零件?”

盘”，这时，打开仓门，佩戴专用手套取出托盘和模型，插入新的托盘，关闭舱门。

(10) 关闭舱门后，显示面板显示“是否移除了零件?”，按“是”按钮，如图 6-10 所示。

(11) 退出软件，关闭计算机，关闭设备系统电源，待显示面板显示“关闭”再关闭设备电源和 UPS 电源。

(12) 将成型件放在装有氢氧化钠溶液的超声波清洗机中溶解支撑材料，等待数小时后，佩戴安全护目镜和专用手套取型，清水冲洗、晾干，完成整个实践教学过程。

6.2 FPRINTA 成型机成型实践

以北京太尔公司的 FPRINTA 成型机(见图 6-11)为例，介绍其工作原理、性能参数、软件和设备操作实践方法。

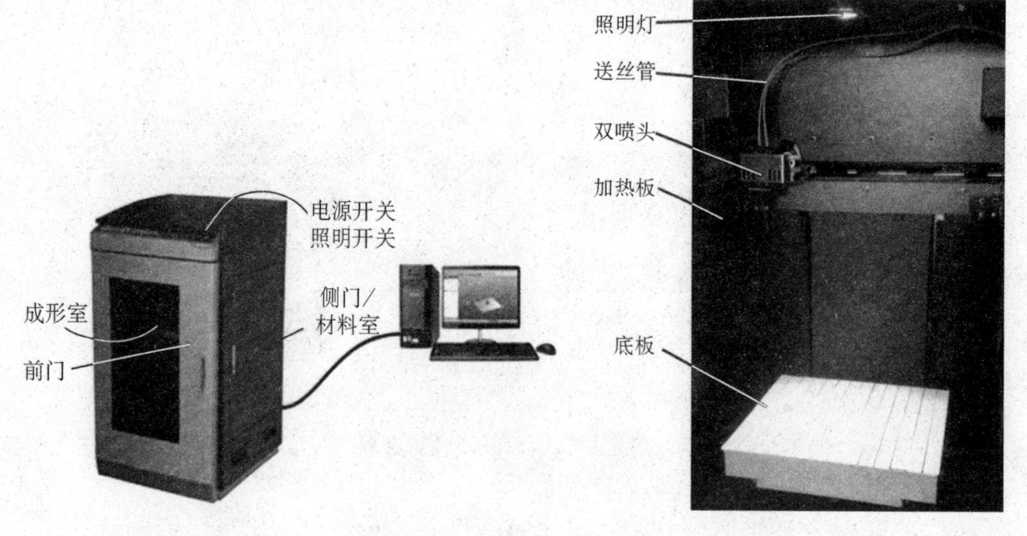

图 6-11 FPRINTA 成型机

6.2.1 工作原理

FPRINTA 成型机也是两个喷嘴，一个为成型材料喷嘴，另一个为支撑材料喷嘴，喷头由计算机控制在 $X-Y$ 运动平台上移动，喷出材料在工作平台上凝固，工作台沿 Z 向移动，涂覆一层后下降一个层厚(0.1～0.4 mm)，按照模型的截面轮廓堆积成型，直至三维模型完成。

6.2.2 主要性能参数

FPRINTA 成型机的主要性能参数见表 6-3 所示。

表 6-3 FPRINTA 的主要性能参数

设备名称	FPRINTA
成型工艺	FDM 熔融沉积
成型尺寸	160 mm × 210 mm × 250 mm
分层厚度	0.1～0.4 mm
支持颜色	白色
成型材料	ABS 工程塑料
支撑材料	ABS 工程塑料(灰色)
设备软件	AURORA
设备尺寸	700 mm × 770 mm × 1 280 mm

6.2.3 AURORA 软件与 FPRINTA 成型机操作实践

(1) 打开设备电源开关和驱动开关，启动计算机。

(2) 检查工作平台、成型材料和支撑材料是否齐备。

(3) 双击桌面上的快捷方式图标，打开如图 6-12 所示的 Aurora 软

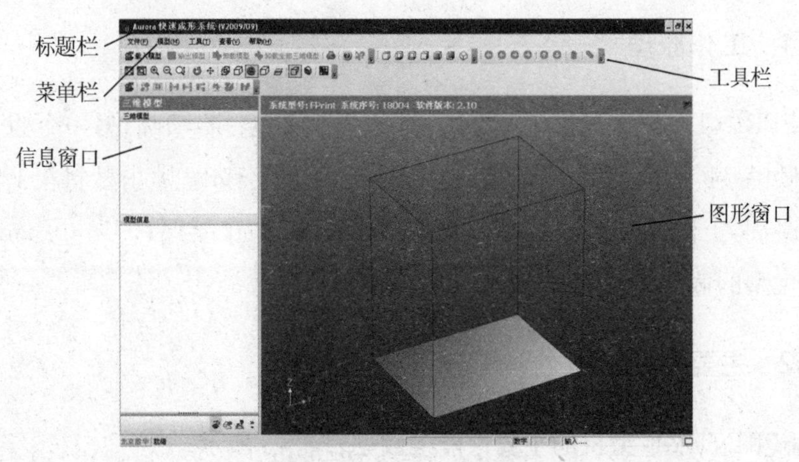

图 6-12　Aurora 界面

件界面。

(4) 单击菜单"文件"—"三维打印机"—"初始化",完成设备初始化操作。

(5) 单击菜单"文件"—"载入";或在三维模型图形窗口中使用右键菜单选择"载入模型";或在工具条中选择"载入模型"命令。如图 6-13 所示。载入先前保存的 long3. stl 文件,如图 6-14 所示,左侧会显示出模型的基本信息。

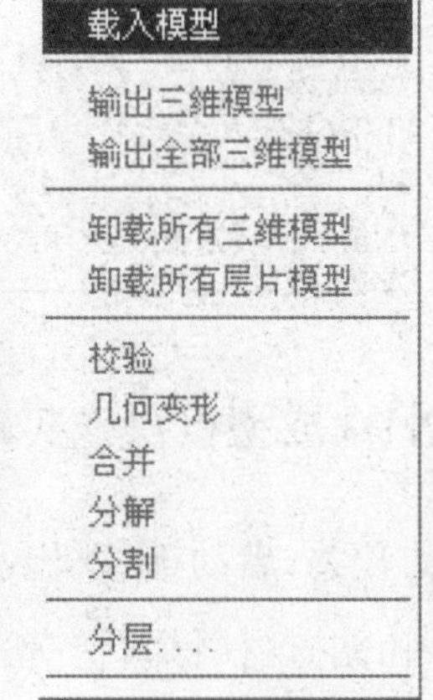

图 6-13　"载入模型"

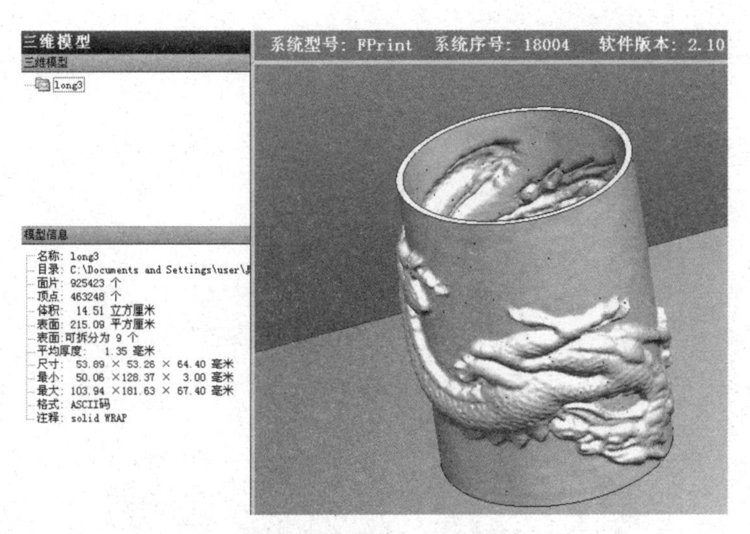

图 6-14　long3 模型信息

(6) 单击菜单“模型”—“变形”命令或直接单击工具栏中“模型变形”按钮(图 6-15),打开“几何变换”界面,如图 6-16 所示。可以对三维模型进行缩放、平移、旋转、镜像等。在此选择“缩放”,设置 X:0.7(“一致缩放”打勾),单击“应用”按钮。

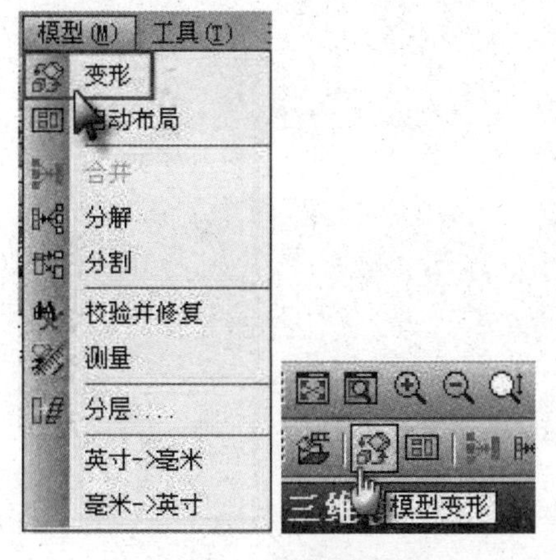

图 6-15　“模型变形”

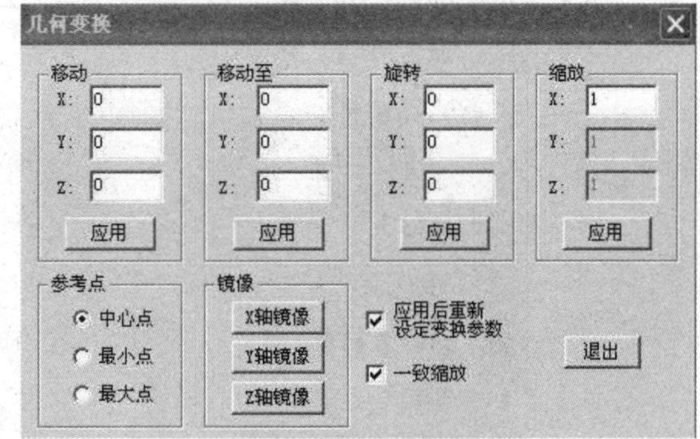

图 6-16　“几何变换”

(7) 当调整好三维模型的尺寸和成型方向后,就应该将三维模型放置在成型空间最合适的位置。单击菜单“模型”—“自动布局”命令或直接单击工具栏中图标,如图 6－17 所示。

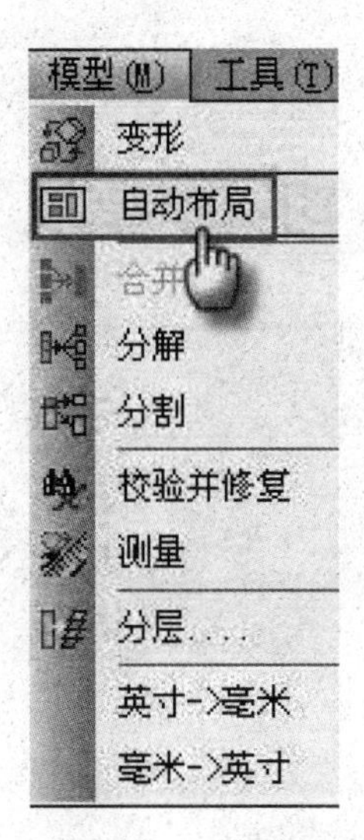

图 6－17　自动排放

(8) 单击菜单“模型”—“分层……”命令或直接单击工具栏中图标,如图 6－18 所示,弹出“分层参数”对话框,设置如图 6－19 所示。表 6－4 为分层参数中各选项的含义。

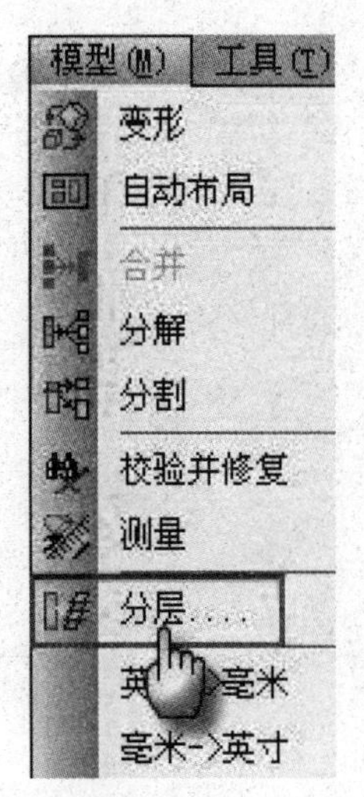

图 6－18　模型分层

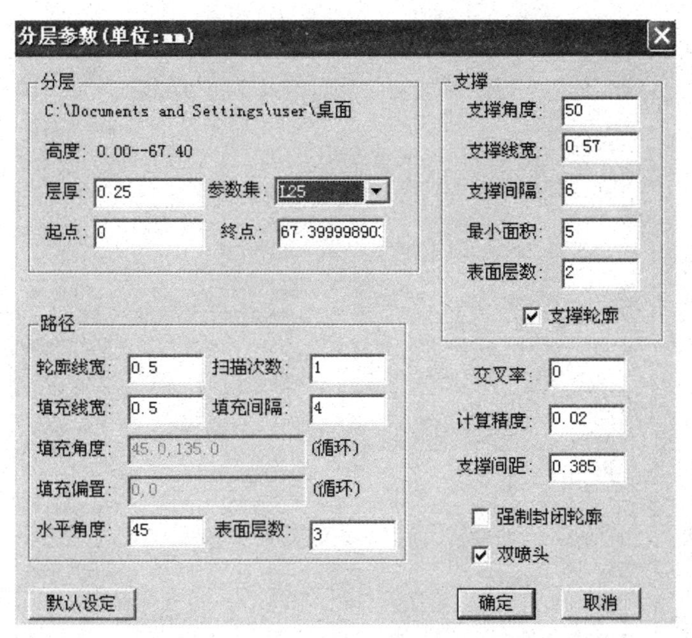

图 6-19　分层参数

表 6-4　分层参数选项含义

厚度	分层的单层厚度，与参数集相对应
参数集	预设的参数集合，共有 6 个，代表不同分层厚度(0.1～0.4 mm)
起点/终点	分层开始的高度，一般应为零/分层结束的高度，为模型的最高点
轮廓线宽	层片上轮廓的扫描线宽度，一般根据喷嘴的直径来设定
扫描次数	层片轮廓的扫描次数，一般为 1 次，2 次表示扫描轮廓沿前一次轮廓向模型内部偏移一个轮廓线宽
填充线宽	层片填充线的宽度，与轮廓线宽类似
填充间隔	对于厚壁模型，为提高成型速度，降低应力，可以在模型内部采用空隙填充方式，即填充线之间有空隙。数值为 1 时表示内部填充线之间没有间隔，制作无空隙模型，当数值大于 1 时，相邻填充线间隔($n-1$)个填充线宽
填充角度	设定每层填充线的方向，最多输入 6 个值，每层角度依次循环
填充偏置	设定每层填充线的偏置值，最多可输入 6 个值，每层依次循环

（续表）

水平角度	设定能够进行空隙填充的表面的最小角度（表面与水平面的最小角度）。当面片与水平夹角大于该值，可以空隙填充；小于该值，则必须按照填充线宽进行标准填充。该值越小，标准填充的面积越小，过小的话就会在某些表面形成空隙，影响模型表面质量
表面层数	设定水平表面的填充厚度，一般为 2～4 层
支撑角度	设定需要支撑的表面的最大角度（表面与水平面的角度），当表面与水平面夹角小于该值则需要支撑。角度越大，支撑面积越大；角度越小，支撑面积越小，但如果角度过小，则会造成支撑不稳定，模型表面坍塌等问题
支撑线宽	支撑扫描线的宽度
支撑间隔	与填充间隔的意义类似，表示支撑线之间的距离
最小面积	表示需要支撑的表面的最小面积，小于该值则支撑表面不需要支撑
表面层数	靠近模型的支撑部分，为使模型表面质量较高，需要采用标准填充，一般为 2～4 层

(9) 单击“分层参数”中的“确定”按钮，系统会自动生成一个 CLI 文件（欧洲汽车制造商支持的项目 Brite Euram 中研发出来的一种二维数据格式），存储了对三维模型处理后的层片数据，包含轮廓、填充和支撑 3 部分层片信息，每层对应一个高度。系统自动切换到二维模型窗口，并在右侧窗口显示第一层。按住 CTRL 键，再在图形窗口中点中要拖动的对象，图形窗口会显示一条红色的线段，代表模型移动的方向和距离，但不可以超出蓝色矩形的范围，否则不能制作。

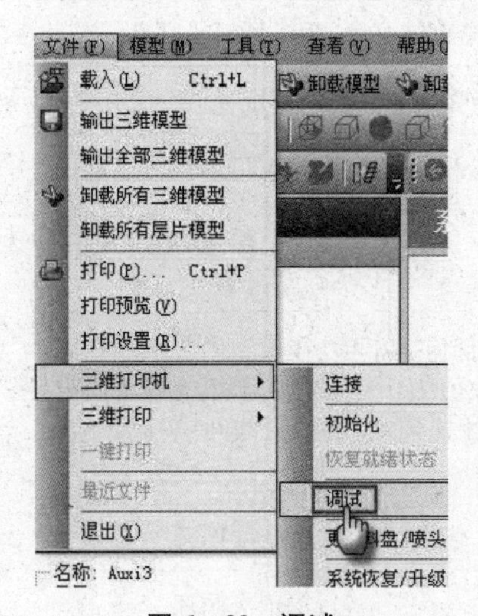

图 6－20　调试

(10) 单击菜单“文件”—“三维打印机”—“调试”命令，如图 6－20 所示，弹出“系统控制”对话框，如图 6－21 所示。

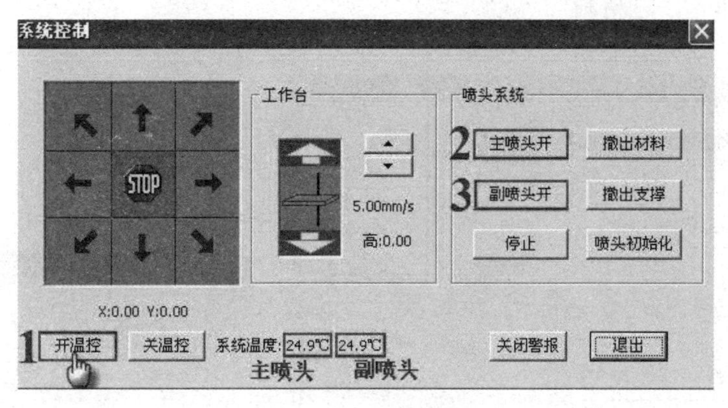

图6-21 系统控制

在“系统控制”对话框内,用户可以平移喷头,升降工作台,开关温控,检测主、副喷头的工作情况。当系统生成CLI文件后,应当单击“开温控”按钮,喷头自动开始升温。当主喷头温度达到240℃、副喷头温度达到220℃时,系统会自动将温度稳定下来,这时可以前后单击“主喷头开”、“副喷头开”来检测一下主、副喷头是否正常工作。

(11) 在菜单栏中选择“文件”—“三维打印”—“打印模型”命令,如图6-22所示,弹出“三维打印”对话框,如图6-23所示。在“三维打印”对话框中注意查看“双喷头打印”是否打钩,“优化方式”默认为方式2,“输出质量”内容是否和分层时所选择的参数集一致。检查无误后,单击“确定”按钮,弹出“设定工作台高度”对话框,如图6-24所示,数值为设备出厂时设定值(更换喷头后须重新调整),表示工作台上升到此高度,开始堆积第一层材料。单击“确定”,回到主界面,如图6-25所示,显示出“起始层”、“结束层”、“当前层”、“已用时间”、

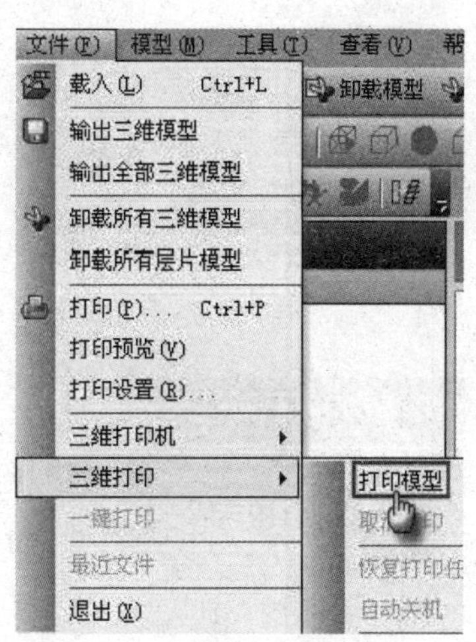

图6-22 打印模型

"剩余时间"、"总材料"。

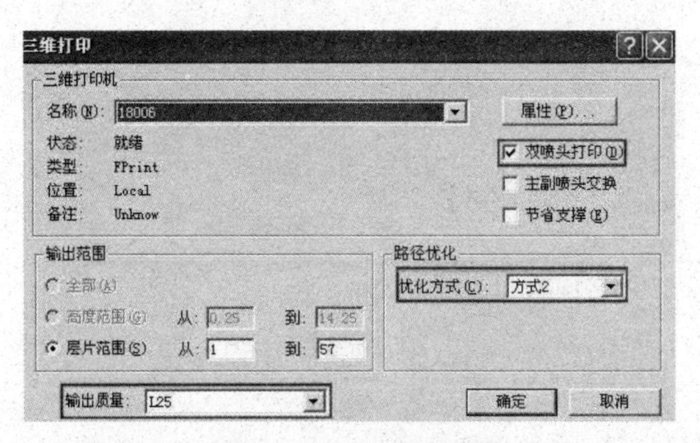

图 6-23 三维打印

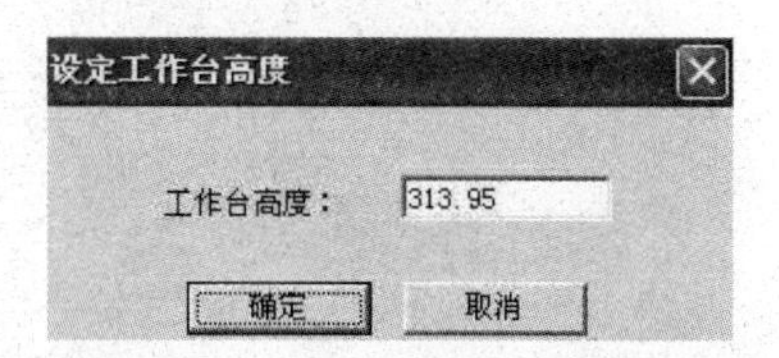

图 6-24 设定工作台高度

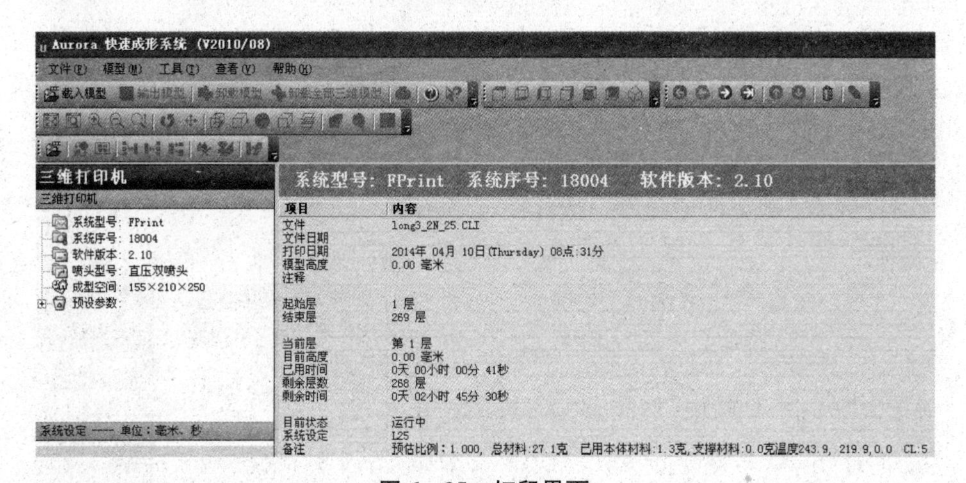

图 6-25 打印界面

图 6-26 打印完成

(12) 成型结束后,界面显示如图 6-26 所示。这时,打开仓门,佩戴专用手套取出底板插条和模型,插入新的底板插条,关闭仓门。

(13) 退出软件,关闭计算机,关闭设备系统电源和设备电源。

(14) 用启型铲将成型件从底板上取下,再用配备的斜口钳将支撑材料从模型上去除(支撑材料和成型材料的颜色不同),

在清水中用水砂纸打磨、冲洗、晾干，完成整个实践教学过程。

6.3　UP Plus 2 成型机成型实践

以北京太尔公司的 UP Plus 2 成型机（见图 6－27）为例，介绍其工作原理、性能参数、软件和设备操作实践方法。

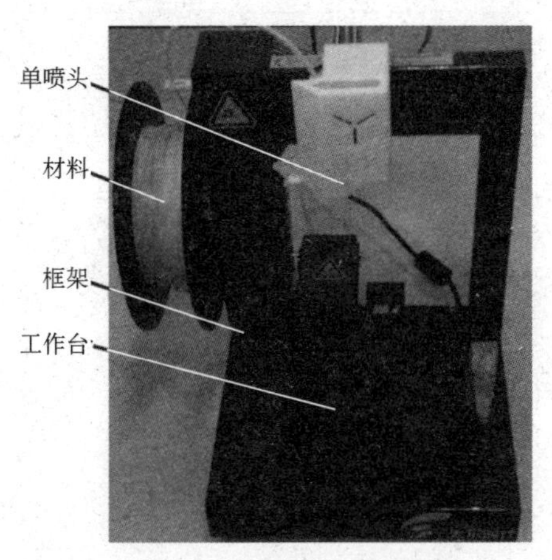

图 6－27　UP Plus 2 设备

6.3.1　工作原理

UP Plus 2 成型机是一个喷嘴，成型和支撑部分都是这个喷头涂覆，喷头由计算机控制在 $X-Y$ 运动平台上移动，喷出材料在工作平台上凝固，工作台沿 Z 向移动，涂覆一层后下降一个层厚（0.15～0.4 mm），按照模型的截面轮廓堆积成型，直至三维模型完成。

6.3.2　主要性能参数

UP Plus 2 成型机的主要性能参数见表 6－5 所示。

表 6－5　UP Plus 2 的主要性能参数

设备名称	UP Plus 2
成型工艺	FDM 熔融沉积
成型尺寸	140 mm × 140 mm × 135 mm
分层厚度	0.15 mm/0.2 mm/0.25 mm/0.3 mm/0.4 mm
支持颜色	白色、红色、黄色、蓝色、绿色、黑色
成型材料	ABS 工程塑料
设备软件	UP!
设备尺寸	245 mm × 260 mm × 350 mm
喷头/工作台	自动调节高度和水平

6.3.3　UP! 软件与 UP Plus 2 成型机操作实践

(1) 打开设备电源开关，启动计算机。

(2) 检查工作平台、材料是否齐备。

(3) 双击桌面上的快捷方式图标，打开如图 6－28 所示的 UP! 软件界面。

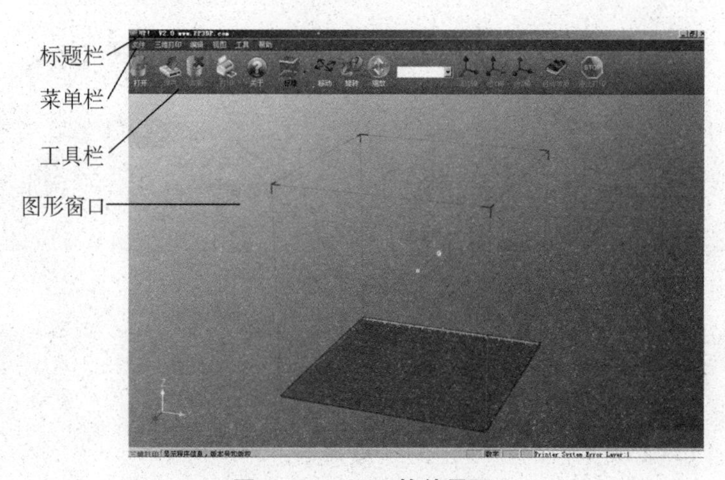

图 6－28　UP! 软件界面

(4) 单击菜单“三维打印”—“初始化”(见图 6-29),完成设备初始化操作。

(5) 单击菜单“文件”—“打开...”(见图 6-30);或在工具条中单击图标,打开先前保存的 long3.stl 文件,单击三维数字化模型,出现模型信息,如图 6-31 所示。

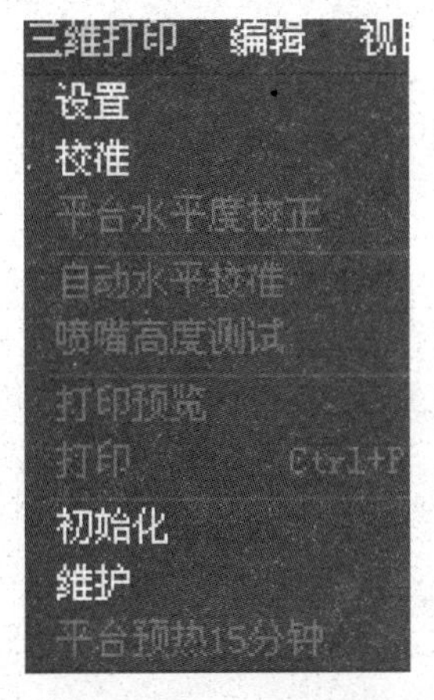

图 6-29 “初始化”

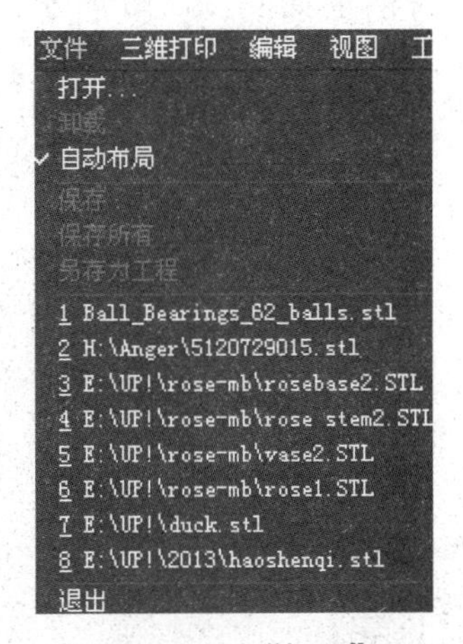

图 6-30 “打开”

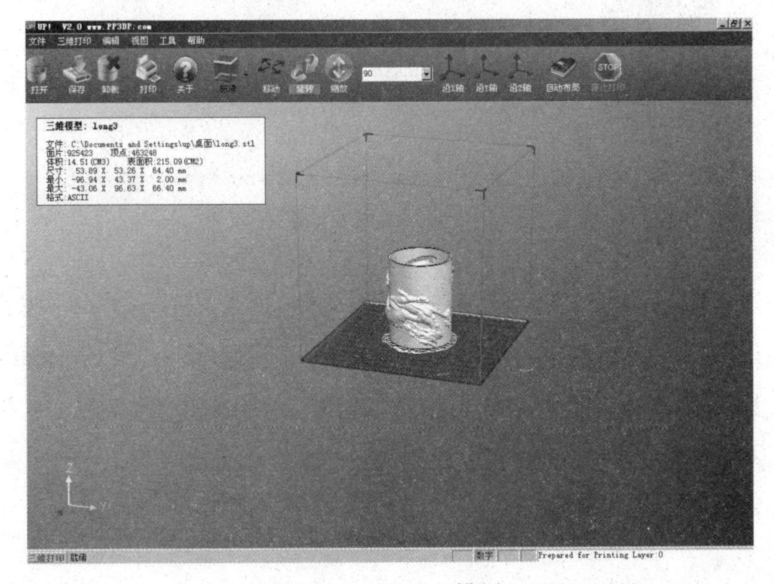

图 6-31 long3 模型

(6) 单击菜单“编辑”—“缩放”命令(图 6-32)或直接单击工具栏中图标,将缩放比例调整为 0.7 对三维模型进行缩放。

(7) 单击菜单“编辑”—“移动”、“旋转”、“布局”命令(见图 6-32)或直接单击工具栏中图标、、,对模型进行摆放位置的调整。

(8) 完成模型的位置摆放后,单击菜单“三维打印”—“设置”(见图 6-29),弹出对话框如图 6-33 所示。将层厚设置为 0.2mm,选择填充方式为“壳”,单击“确定”(选项的含义与 AURORA 软件中的基本一致)。

图 6-32 “编辑”

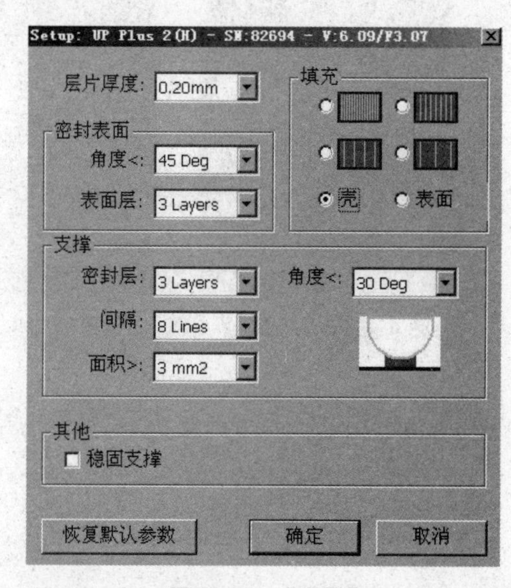

图 6-33 “设置”

(9) 分层设置结束后,单击菜单“三维打印”—“打印”命令(见图 6-26),弹出“打印”对话框,如图 6-34 所示。将“质量”设置为“Normal”,“平台继续加热”设置为“No”,单击“确定”,弹出模型制作信息(见图 6-35),单击“确定”,设备自动开始加热,成型模型。注意“喷头高度”因为是预先设置好的,所以严禁随意修改。

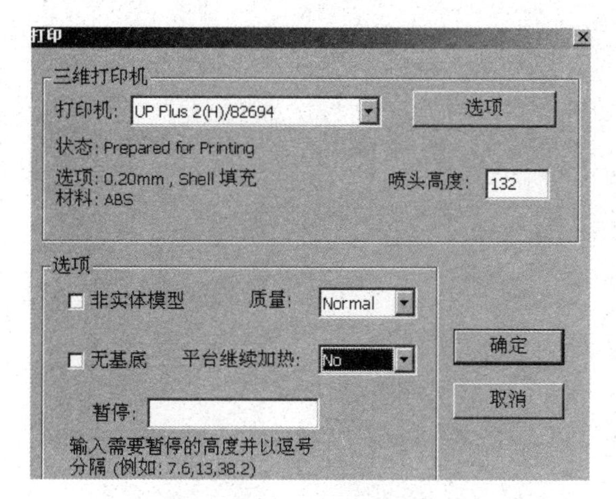

图 6－34　“打印”对话框

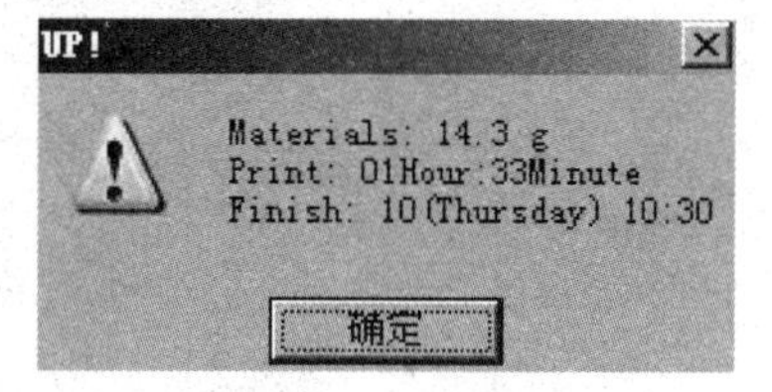

图 6－35　模型信息

（10）成型结束后，佩戴专用手套取出工作底板和模型，插入新的底板。退出软件，关闭计算机，关闭设备电源。

（11）用启型铲将成型件从底板上取下，再用配备的斜口钳将支撑材料从模型上去除（支撑材料和成型材料的颜色相同，务必格外小心），在清水中用水砂纸打磨、冲洗、晾干，完成整个实践教学过程。

6.4　3 种设备制作比较

制作相同的数字化模型，3 种设备在成型时间、材料使用、成型效果和后处理等方面均有区别，相互之间的比较见表 6－6 所示。

表 6－6　设备比较

设备	Uprint SE Plus	FPRINTA	UP Plus 2
成型时间	4:45	2:45	1:33
材料量	31 g	14.5 g	14.3 g

（续表）

设备	Uprint SE Plus	FPRINTA	UP Plus 2
后处理	时间长、无须手工	时间较短、手工	时间很短、手工
成型效果	很好	一般	好
实物图			

思考题

分组用 3 种设备制作海宝模型，并记录实践操作步骤和相关数据。

附录 1
快速成型技术实践安全须知

1. 实验室安全须知

作为培养具有工程意识、创新意识和工程实践综合能力的实践教学环节,学生必须亲自动手操作各种设备和仪器来完成实践制作过程。为了保障学生实践操作中自身和设备安全,防范事故的发生,要求学生必须遵守实验室的安全规则:

(1) 禁止携带危险品、食物、饮料进入实验室,实验室严禁吸烟和乱丢杂物。

(2) 实验室里不得大声喧哗和打闹,不得从事与实践教学无关的事情。

(3) 出现触电或漏电,应先切断电源或拔下电源插头,出现紧急事故应拨打"120"急救电话。一旦发生火灾,应先切断火源或电源,尽快使用灭火设备灭火并立刻拨打"119"报警电话。

2. 操作设备安全须知

重视设备实践操作环节的注意事项,一旦操作不当就会造成设备损坏或导致人身事故,要求学生必须遵守设备操作安全规则:

(1) 在教师讲解设备的操作过程中,或在设备处于待运行以及运行过程中,不得擅自触碰设备上的任何按键,不得随意打开设备的保护门,不得擅自关闭计算机或切断电源。

(2) 设备运行过程中,不得搬动、移动或摇晃设备,不得在计算机上做与实践操作无关的事情。

(3) 多人使用一台设备时,只允许一人操作设备和计算机。

(4) 在设备工作过程中,严禁接触设备喷头、工作热板和成型室内壁,以免高温造成灼伤。

(5) 使用超声波清洗机清洗样件时,应戴上防护手套,以免碱性清洗液腐蚀皮肤。

(6) 在设备运行过程中,如发现有异常声音和异味等故障时,应及时报告实践教师,不可擅自处理。

(7) 实习结束后,及时关闭成型系统电源和计算机电源。

附录 2
AURORA 软件命令参考

1. 文件菜单

如下图所示,文件菜单主要用于载入模型、输出、打印等。

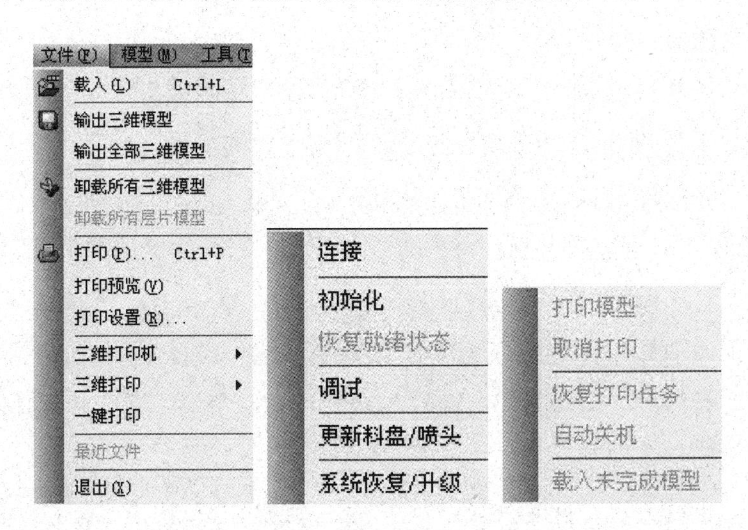

载入:载入 STL,CSM,CLI 模型(一次可载入多个模型)。

输出三维模型:输出选中的三维模型。

输出全部三维模型:输出系统已载入的所有三维模型到一个指定的目录中。

卸载所有三维模型:卸载已载入的所有三维模型。

卸载所有二维模型:卸载已载入的所有二维模型。

打印:打印图形窗口和模型信息。

打印预览:显示打印预览。

打印设置:改变打印机及打印选项。

三维打印机,子菜单包括:

连接:连接三维打印机/快速成型系统,读取系统参数。

初始化:三维打印机/快速成型系统执行初始化操作。

恢复就绪状态:恢复系统到打印就绪状态(可以打印模型)。

调试:手动控制三维打印机/快速成型系统。

送进材料:自动送进材料,将材料送入送丝机构,自动往喷头中添加材料。

撤出材料:将喷头加热到指定温度后,该命令将材料自动从喷头中撤出,更换材料。

更新料盘/喷头:更新材料的重量,设定主副喷头之间的相对位置。

平台调整:按照系统预设程序调整平台的水平。

系统恢复:恢复系统为出厂状态。

三维打印,子菜单包括:

打印模型:开始准备打印 CLI 文件。

取消打印:在打印开始后可以取消该次打印任务。

暂停/恢复打印任务:在打印过程中可以暂停打印,并通过恢复打印任务继续。

自动关机:打印完成后自动关闭三维打印机/快速成型系统。

2. 模型菜单

如下图所示,模型菜单对模型进行摆放、布局、校验、测量、分层、单位转换等。

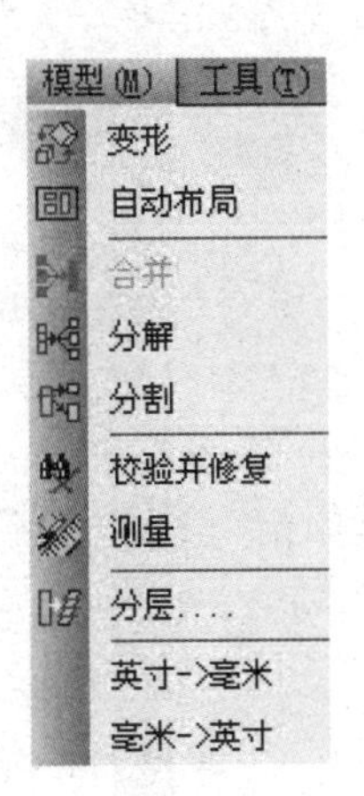

变形：对载入的 STL 模型进行移动、旋转、缩放等操作。

自动布局：自动将模型放置在成型区域最合适的位置。

校验并修复：检查载入的 STL 模型中面片是否有缺损，进行修补。

测量：测量模型面与面、点到面/线的距离。

3. 工具菜单

如下图所示，主要对支撑结构进行选用和设置。

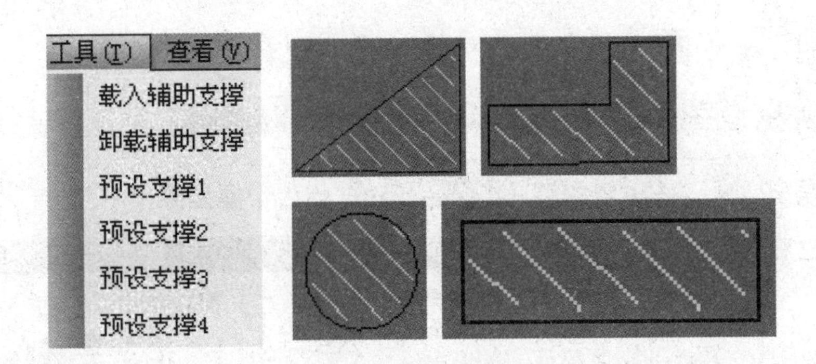

载入辅助支撑：从文件夹中载入预先设计好的模型作为支撑。

预设支撑 1～4：软件自带的 4 种支撑类型。

4. 查看菜单

如下图所示，查看菜单用来设定视图、颜色、显示模式等。

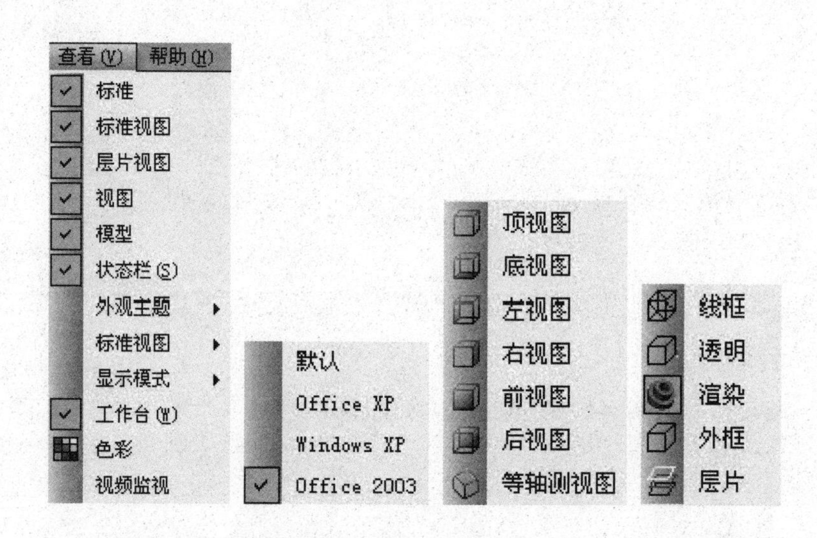

标准：

标准视图：

层片视图：

视图：

模型：（相当于模型菜单）

色彩：

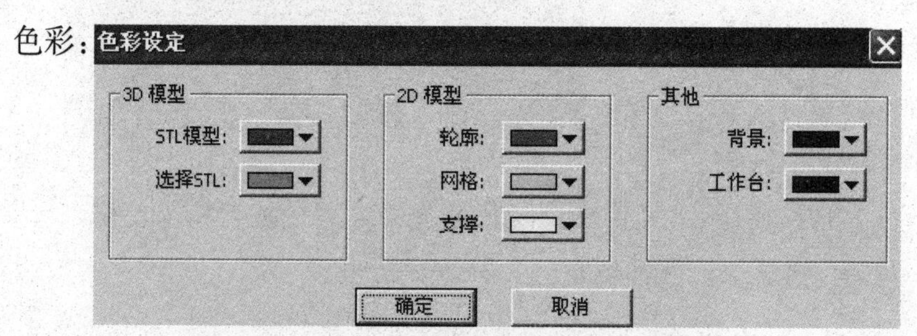

视频监视：

5. 帮助菜单

如下图所示，介绍 AURORA 软件。

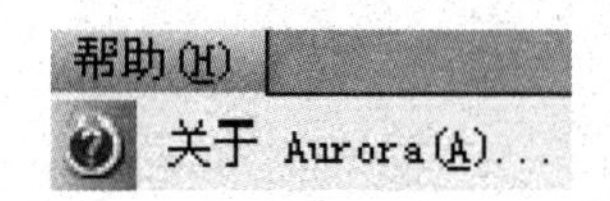

附录 3

作品测评标准

项目名称/分类评分	测评标准
创意设计(15 分) A:11～15 B:6～10 C:0～5	A:立意新颖,在主题、机构或功能等方面至少有一方面有创新想法且适用于该作品。 B:想法比较简单,但体现出团队共同的构思。 C:根本看不出创意,作品拼凑
制作技术(10 分) A:9～10 B:6～8 C:3～5 D:0～2	A:结构合理,性能稳定,不易损坏或形变。 B:结构基本完整,零件无散落。 C:外观粗糙,无美感,零件散落。 D:根本无法制作成型
后处理、装配(20 分) A:16～20 B:11～15 C:6～10 D:0～5	A:后处理工艺操作熟练,模型外观漂亮,装配正确合理。 B:模型外形粗糙,装配基本稳固。 C:装配不稳固,零件易散落。 D:根本无法装配
实现功能(10 分) A:9～10 B:6～8 C:3～5 D:0～2	A:作品功能完善,达到预期效果,无差错。 B:作品功能基本完善,演示时较稳定。 C:可实现初步设想,演示时不稳定。 D:无法演示,和想法完全无关

（续表）

项目名称/分类评分	测评标准
PPT/演讲(10 分) A:9～10 B:6～8 C:3～5 D:0～2	 A:PPT 制作精良,演讲清楚,分工明确。 B:PPT 制作完整,分工较明确。 C:分工不明确,讲解不清楚。 D:无效果
考勤(35 分) A:35 B:21～30 C:10～20 D:0	 A:全勤。 B:缺勤≤3 次。 C:缺勤≤5 次。 D:缺勤>5 次

附录 4

学生部分作品展

卡通作品 1

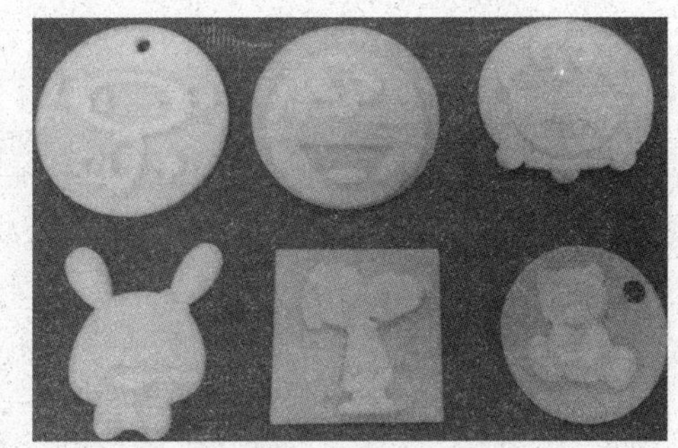

卡通作品 2

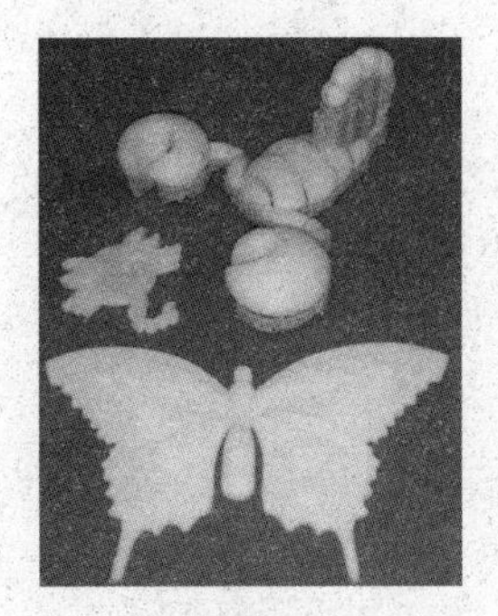

动物作品

徽章作品

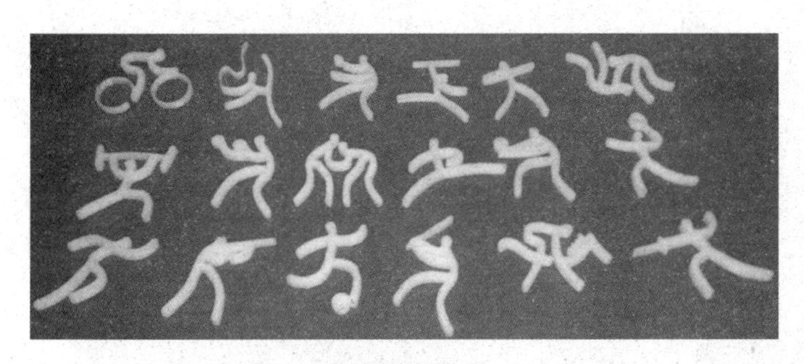

竞技体育作品

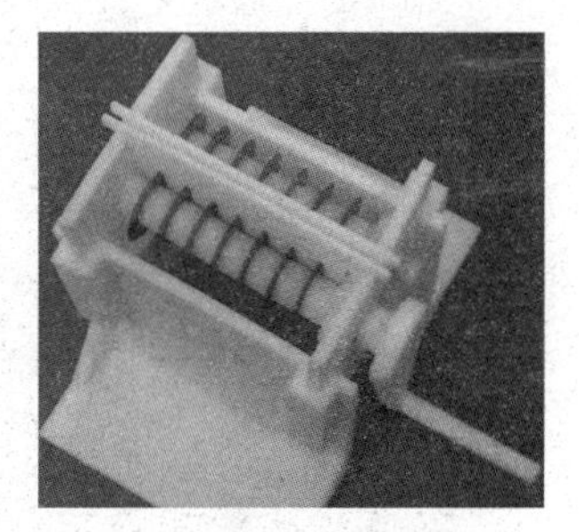

手动碎纸机

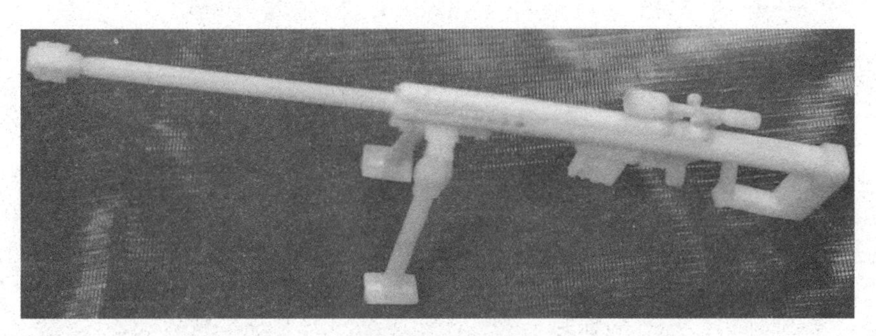

巴雷特 M82A1 狙击步枪

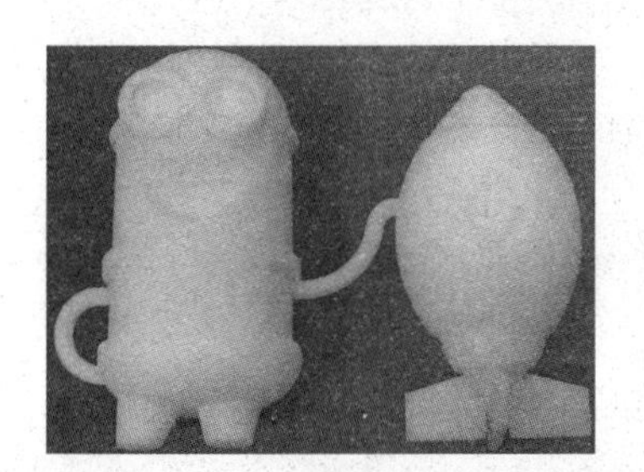

小黄人

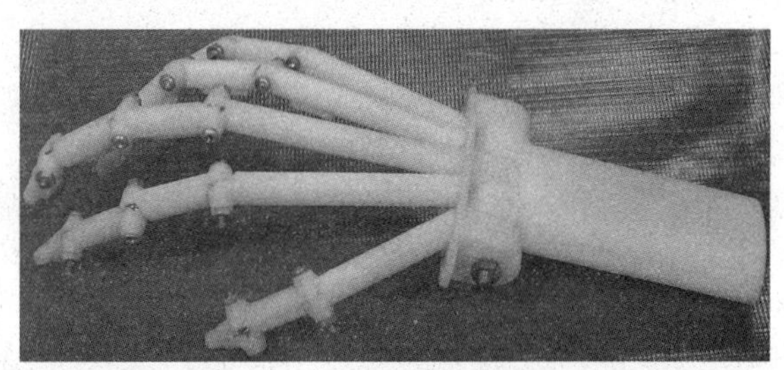

机械手

飞机

三管左轮手枪

轻巧手电筒

电动快艇

机械抓手

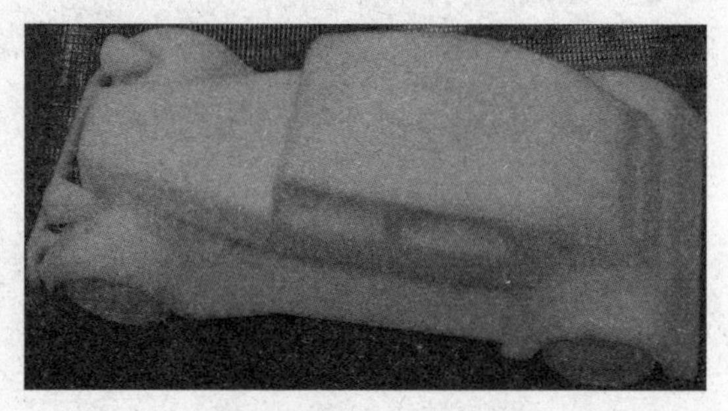

雪铁龙老爷车 Traction

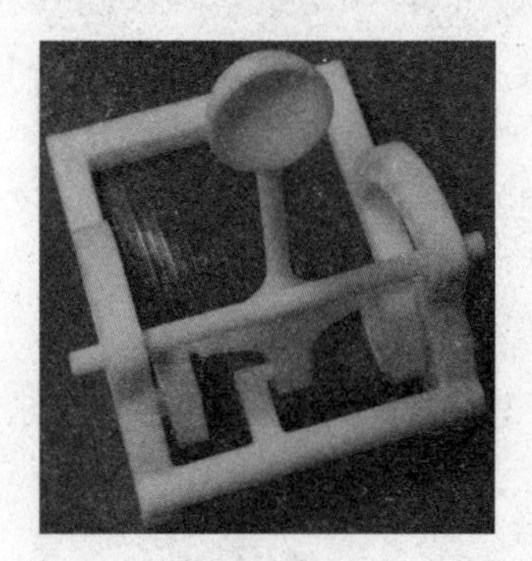

投石车模型

基诺夫空艇

参 考 文 献

[1] 胡仁喜,康士廷,刘昌丽. Pro/ENGINEER Wildfire 5.0 中文版入门与提高[M]. 北京:化学工业出版社,2010.

[2] 胡仁喜,刘昌丽,康士廷. Pro/ENGINEER Wildfire 5.0 中文版快速入门实例教程[M]. 北京:机械工业出版社,2010.

[3] 邱志惠,卢秉恒. Pro/ENGINEER 建模实例及快速成型技术[M]. 西安:西安电子科技大学出版社,2005.

[4] 王秀峰,罗宏杰. 快速成型制造技术[M]. 北京:中国轻工业出版社,2001.

[5] 卢清萍. 快速成型制造技术[M]. 北京:高等教育出版社,2001.

[6] 王运赣. 快速模具制造及其应用[M]. 武汉:华中科技大学出版社,2003.

[7] 沈其文. 材料成型工艺基础[M]. 武汉:华中科技大学出版社,2003.

[8] 朱林泉,白培康,朱江淼. 快速成型与快速制造技术[M]. 北京:国防工业出版社,2003.

[9] 冯小军,等. 快速制造技术[M]. 北京:机械工业出版社,2004.

[10] 刘光富,李爱平. 快速成型与快速制模技术[M]. 上海:同济大学出版社,2004.

[11] 王广春,赵国群. 快速成型与快速模具制造技术及其应用[M]. 北京:机械工业出版社,2004.

[12] 颜永年,单忠德. 快速成型与铸造技术[M]. 北京:机械工业出版社,2004.

[13] 郭戈,颜旭涛,唐果林. 快速成型技术[M]. 北京:化学工业出版社,2005.

[14] (德)安德烈亚斯·格布哈特(Andreas Gebhardt). 快速原型技术[M]. 曹志清,丁玉梅,宋丽莉,等译. 北京:化学工业出版社,2005.

[15] 王学让,杨占尧. 快速成型与快速模具制造技术[M]. 北京:清华大学出版社,2006.

[16] 刘伟军,等. 快速成型技术及其应用[M]. 北京:机械工业出版社,2006.

[17] 鞠鲁粤. 工程材料与成型技术基础[M]. 北京:高等教育出版社,2007.

[18] 白培康，王建宏. 材料成型新技术[M]. 北京：国防工业出版社，2007.
[19] 郭黎滨，张忠林，王玉甲. 先进制造技术[M]. 哈尔滨：哈尔滨工程大学出版社，2010.
[20] 李长河，丁玉成. 先进制造工艺技术[M]. 北京：科学出版社，2011.
[21] 韩霞，杨恩源. 快速成型技术与应用[M]. 北京：机械工业出版社，2012.
[22] 胡庆夕，林柳兰，吴镝. 快速成型与快速模具实践教程[M]. 北京：高等教育出版社，2011.
[23] 成思源，谢韶旺. Geomagic Studio 逆向工程技术及应用[M]. 北京：清华大学出版社，2010.
[24] OPTOCAT 使用手册(2011R2)[M]. 德国 Breukmann 公司.
[25] uPrint and uPrint Plus Personal 3D Prints 用户手册[M]. Stratasys 公司，2010.
[26] Aurora 用户手册 & 三维打印机使用手册[M]. 2008 年 V1.0 版. 北京太尔时代有限公司.
[27] UP! 3D 打印机用户使用手册[M]. 201305 - V. 3.0，北京太尔时代有限公司.